KB033613

내추럴 와인; 취향의 발견

내추럴 와인; 취향의 발견

온전한 생명력을 지닌

와인의 '오래된 미래'

정구현 지음

NATURAL WiNE

몽스북
mons

『 』

추천사

만약 당신이 내추럴 와인에 대해 편견을 가지고 있다면, 내추럴 와인과 사랑에 빠지게 되는 방법은 두 가지다. 정말 좋은 내추럴 와인을 한 모금 맛보거나 이 책을 읽어보는 것.

— 장준우(셰프, 작가)

정구현 대표님은 오랜 기간 쌓아온 섬세한 지식으로 황홀하고 다채로운 내추럴 와인의 세계로 나를 인도했다. 이 책이라면 독자 여러분도 다양한 내추럴 와인 속에서 자신의 취향을 찾을 수 있을 것이다.

— 니콜(전 Kara 멤버, 현 솔로 아티스트)

〚 〛

내추럴 와인 숍 매출 1위인 '내추럴보이'를 운영하고 있는 정구현 대표는 엄청난 와인 애호가이자 내추럴 와인을 깊이 이해하고 애정을 쏟는 국내 몇 안 되는 사람 중 하나다. 내추럴보이는 여느 와인 매장처럼 깔끔하게 정돈된 모습이 아니다. 하지만 일단 매장에 들어서면 정구현 대표의 해박하고도 열정 가득한 설명에 반할 수밖에 없는 마성의 매력을 지닌 곳이다. 이 책도 그런 책이다. 읽다 보면 빠져들어 어느새 마지막 페이지를 넘기고 있게 된다. 내추럴 와인에 대한 이해가 필요하다면 추천한다. 내추럴 와인을 좀 안다고 생각한다면, 그래도 꼭 읽어보시길 추천한다.

— 김은성(내추럴 와인 수입사 뱅베Vin V 대표)

취향과 다양성의 술

우리나라에서도 이미 내추럴 와인 애호가들이 급격히 늘고 있습니다. 내추럴 와인을 잘 아는 사람들의 수도 점점 많아지고 있죠. 내추럴 와인 애호가로서 굉장히 기쁜 일입니다. 하지만 아직도 많은 분들이 내추럴 와인이 무엇인지 잘 모르고 있습니다. 그리고 컨벤셔널 와인, 그러니까 현재 생산되는 와인의 대부분을 차지하는 산업화된 와인과 소량 생산하는 내추럴 와인이 서로 완전히 다른, 배타적인 개념이라고 생각하는 분들도 많습니다.

사실은 가장 자연적으로 만든 와인부터 가장 인공적인 와인까지 모든 와인은 연속적입니다. 저는 그런 면에서 여러분께 와인의 역사를 소개하고, '내추럴 와인이 아닌' 와인이 생산되기 시작한 것이 아무리 길게 잡아도 50년도 안 되는 짧은 시간일 뿐이라는 점, 컨벤셔널 와인이 생산될 수 있었던 이유가 쥘 쇼베를 비롯한 내추럴 와인의 아버지들이 와인을 과학적으로 분석하고 새로운 양조법들을 개발하면서였다는 점 등을 알리고 싶었습니다. 사람들의 선입견을 없애줄 수 있는, '내추럴 와인의 기본 교과서' 같은 책을 써야겠다고 마음먹은 이유입니다.

저는 국어교육과를 나와 교사 자격증이 있습니다. 다른 사람에게 지식을 전달하는 데서 큰 기쁨을 느끼죠. 동시에 저는 처음부터 모든 종류의 와인을 편견 없이 사랑하는 사람입니다. 대학생 때부터 학기 중에 아르바이트를 하고 방학 때는 세계의 와인 산지를 찾아가 전설적인 와인 메이커들을 방문하거나, 와이너리에서 일하며 와인 공부를 했습니다. 고려대학교 재학 당시 비인가 동아리였던 와인 동아리 '소믈리에'의 회장을 맡아 국내 4년제 대학 최초의 중앙 동아리로 승격시켰으며, 지금까지도 고려대학교 축제의 명물로 자리 잡은 와인 페스티벌을 열기도 했습니다.

고려대학교의 와인 양조학 교수이자 한국 와인업계의 전설인 박원목 교수님과, 한국 최초의 와인 메이커 중 한 명인 김준철 김준철와인스쿨 원장님께 와인 양조를 배웠고 WSET 등 공신력 있는 기관에서 와인 교육을 이수하고 자격증을 따기도 했습니다. 대학 졸업 이후 10년 이상 다양한 와인 수입사에서 근무하며 브랜드 매니저 일을 해왔습니다. 제 첫 업무는 르루아Leroy, 펜폴즈Penfolds, 루이 자도Louis Jadot, 상파뉴 테탱저Champagne Taittinger 등 전설적인 도멘의 브랜드 매니저였습니다.

저는 내추럴 와인 애호가인 동시에 모든 와인의 전문가입니다. 그래서 내추럴 와인이 기존의 와인 세계와 별개의 것이 아니라는 것을 독자들에게 알리고 싶습니다. 또한 대량 생산이 불가능하지만 우리가 잃어버렸던 멋진 개성을 가진 와인 스타일들이 복원되고, 그것이 현대의 와인 양조법과 결합하면서 또 다른 새로운 와인을 탄생시켰다는 점을 소개하고 싶습니다.

와인은 취향과 다양성의 술입니다. 모든 와인 애호가는 점점 자기 취향을 찾아가는 동시에, 가끔씩 자기 취향이 아니라고 생각했던 타입의 걸작 와인들을 만족스럽게 마셨을 때 큰 기쁨을 얻곤 하죠. 그래서 와인 애호가들은 와인의 세계가 점점 더 다양해지는 것을 사랑합니다. 편견을 가질 필요가 없습니다.

처음에 컨벤셔널 와인들로 와인 경력을 시작한 저도 어느덧 내추럴 와인에 깊게 빠져들었고 지금은 내추럴 와인을 훨씬 더 많이 마시는 사람이 되었습니다. 저희 부부는 루아르의 내추럴 와인 메이커 제롬 소리니Jerome Saurigny의 와인을 너무나 좋아해서 딸의 이름을 'Saurigny'에서 딴 '소린'으로 지었을 정도입니다.

우리 모두 자유로운 내추럴 와인의 바다에서 다양한 타입의 와인들을 더 많이 사랑하고 즐기며 살 수 있습니다. 자, 준비되셨나요?

2022년 9월 정구현

CONTENTS

1 내추럴 와인이란

2 한눈에 보는 와인의 역사

3 내추럴 와인에 대한 오해와 상식

4 내추럴 와인, 그 새로운 전통

5 내추럴 와인의 힙함과 장인주의

6 내추럴 와인과 테루아

7 한국에서 볼 수 있는 지역별 내추럴 와인의 거장과 와인들

내추럴 와인이란

〚 1 〛

내추럴 와인은 유기농이나 유기농 와인이 내추럴 와인은 아니다

'내추럴 와인natural wine'이라는 말을 흔히 쓴다. 이 단어를 어렵지 않게 쓰는 만큼 내추럴 와인을 소비하는 사람도 많다. 그러나 내추럴 와인이 무엇인지 명쾌하게 이야기할 수 있는 사람은 아직 많지 않다. 가장 간명하게 말하자면 '오직 포도와 포도 껍질의 자연 효모'로만 만든 와인을 뜻한다. 그러면 모두들 "와인은 다 그런 것 아니야?"라고 되묻는다. 맞다. 원래 와인이란 그런 것이었지만 지금은 대부분의 와인이 이 길에서 크게 벗어나게 되었다. 그래서 그 이야기를 이제부터 해보려 한다.

내추럴 와인은 각 지역 협회나 생산자마다 조금씩 다르게 정의하지만 모든 내추럴 와인 생산자가 공통으로 지키는 원칙, 내추럴 와인은 다음 조건을 갖춰야 한다.

1. 유기농(organic) 또는 비오디나미biodynamie 농법•으로 농사짓고

2. 와인 양조 중 포도와 포도 껍질의 자연 효모 외에 그 어떤 성분을 조정하거나 첨가물을 넣거나 특정 성분을 제거하지 않고

3. 이산화황(SO_2)을 아예 쓰지 않거나 병입 시 보존 용도로만 극소량 사용한다.

와인마스터협회(The Institute of Masters of Wine) 마스터 오브 와인(MW)이자 내추럴 와인의 애호가이며 내추럴 와인의 교과서와도 같은 고전 『내추럴 와인』의 저자 이자벨 르쥬롱 Isabelle Legeron은 내추럴 와인에 대해 이렇게 말한다.

"내추럴 와인은 새로운 것이 아니다. 이것이 본래의 와인인데, 이제는 드문 것이 되어버렸다. 이제는 드넓은 바다의 한 방

• 비오디나미biodynamie 농법: 1920년대에 오스트리아의 철학자 루돌프 슈타이너가 최초로 제안하였으며, 모든 과정이 우주적인 주기 변화와 자연적인 질서에 따른다는 것을 전제로 한다. 이 농법에 따르면 포도밭에는 화학 물질을 전혀 사용하지 않고, 천연 동식물 성분 또는 다양한 허브와 미네랄 조제품을 사용해 광합성에 필요한 빛과 열을 최대화하며, 포도의 수확 시기 및 와인의 병입 시기까지도 빛과 열의 강도와 행성의 위치 등에 따라 정해진 시기에만 이루어진다. 영어로는 바이오다이내믹 biodynamic이라고 한다.

울과도 같으나, 이 얼마나 값진 한 방울인가!"

이자벨 르쥬롱Isabelle Legeron의
『내추럴 와인』

내추럴 와인은 새로운 개념이 아니다. 내추럴 와인 타입이 아닌 와인—편의상 컨벤셔널 와인conventional wine•이라 하자 —이 생겨난 것은 길게 잡아도 100년 정도이며, 상업적 대량 생산을 위한 대부분의 기법이 생겨난 것은 아무리 길게 잡아도 50~70년에 지나지 않는다. 우리는 모든 먹고 마시는 분야에서 '발효' 음식을 좋아한다. 하지만 이 모든 분야의 발효 음식들이 최근 100년간 대량 생산화하면서 자연 효모를 배제하고 빠르게, 값싸게, 대량으로 생산하는 것에 집착했다. 거기에 뭔가 문제가 있는 것은 아니다. 공장에서 만든 간장, 증류식 소주, 대량 생산되는 부가물 라거, 데일리 와인, 누룩을 넣지 않고 효소와

• 컨벤셔널 와인conventional wine: 내추럴 와인과 반대되는 개념으로, 와인의 품질 향상을 위해서 화학 비료나 배양된 효모를 사용하고 인간의 기술을 최대한 이용해서 맛을 극대화한, 더불어 품질에 문제가 생길 수 있는 원인을 제거해서 제조하는 와인이다. 이산화황(SO_2)을 넣는 이유도 잔류 효모로 인해 변질될 가능성을 사전에 배제하려는 목적에서다.

배양 효모, 감미료를 넣은 막걸리가 없다면 우리가 즐기는 모든 발효 음식과 술은 굉장히 희귀하고 비싼 것이 되고 말 것이다. 심지어 이 지구의 전 인류가 먹고살아 가는 것조차 불가능할지도 모른다.

하지만 이런 것에만 집착하다 보니 우리는 모든 부분의 발효 음식에서 자연 효모가 만들어내는 복잡다양한 멋진 맛들을 잃어가고 있었다. 대량 생산으로는 만들어낼 수 없는 각 지역의 특색과 사람의 손맛이 담긴 맛들 말이다. 그래서 현대에는 모든 분야에 있어 저렴한 대량 생산품과 장인들이 자연 효모로 발효한 독특한 맛의 세계가 공존하고 있다. 맥주에서 크래프트 비어가 발전한다고 해서 가볍고 저렴한 대량 생산의 '부가물 라거'가 사라지는 것은 아니다. 오히려 맥주의 세계는 더욱 깊고 다양해지며, 저렴한 라거를 즐기다가도 장인이 소량 생산한 한정판 크래프트 비어를 마셔볼 수도 있고, 크래프트 비어 애호가라도 야구장에서 마시는 캔맥주의 시원함을 즐길 수도 있다. 빵에서 사워도우와 각 지역의 특색 있는 발효 빵들이 발전한다고 해서 우리가 자주, 간편하게 먹는 식빵이 사라지는 일도 없다. 오직 더 다양하고 더 특색 있고 더 재미있는 선택지가 늘어날 뿐이다. 각 지역의 전통주를 발효한 멋진 맛과 향의 식초들도, 비싸지만 장인이 만든 달콤한 발효 숙성미가 가득한 간장도, 직접 만든 누룩으로 빚은 멋진 산미의 감미료를 넣지 않은 막걸리도 마찬가지다. 와인에서 이런 분야가 바로 내추럴 와인이다. 땅을 소중히 여기고 그 땅에서 포도와 함께 자라난 자연 효모가 포도를 '바로 그 테루아'의 뉘앙스로 발효한 와인이며, 그 맛과 향을 바로 병에 넣은 와인이 '내추럴 와인'이다.

내추럴 와인에 대해서 많은 사람들이 잘 모르고 마시며, 때로는 틀린 이야기가 돌아다니기도 한다. 내추럴 와인의 맛과 멋을 있는 그대로 즐기는 것도 중요하고 재미있다. 하지만 이 책에서는 내추럴 와인을 올바르게 알고 마시는 즐거움도 공유하고자 한다.

많은 사람들이 내추럴 와인을 유기농 와인, 비오디나미 와인으로 착각한다. 내추럴 와인을 '친환경 와인'이나 '건강에 좋은 와인'으로 오해하는 사람들 중에 이런 생각을 하는 경우가 많다.

결론부터 이야기하면 내추럴 와인은 모두 유기농이거나 비오디나미 방식으로 얻은 포도로 양조하지만 유기농 와인이나 비오디나미 와인이 내추럴 와인인 것은 아니다.

⁑ 유기농 와인은 유기농으로 재배한 포도로 만든 와인

유기농 와인이란 유기농 방식으로 재배한 포도로 양조한 와인을 뜻한다. 와인 양조에 대해서는 제약이 거의 없다. 그래서 유기농으로 재배한 포도로 와인 양조 과정에서 첨가물을 넣거나 특정 성분을 제거하거나, 발효를 공장에서 대량으로 배양한 효모로 진행할 수 있다. 그래서 사실 유기농 와인은 대체로 맛이나 향에서 컨벤셔널 와인과 별로 차이가 없다. 게다가 일반 유기농 와인의 '유기농법'으로 재배한 포도는 대부분 내추럴 와인을 만들 수 없다. 그것은 '관행적 유기농법'과 '진짜 유기농법'의 차이 때문이다.

유기농법이란 농사에 석유 화합물을 쓰지 않고 자연에서 유래한 유기물만을 쓰는 것을 뜻하지 약이나 비료를 쓰지 않는 농법을 뜻하는 것이 아니다. 관행적 유기농법이란 농약도 쓰고 비료도 쓰지만 그 농약과 비료를 자연적인 동식물에서 얻은 성분들로 쓰는 것을 말한다. 그래서 농작물에 비료나 농약이 남아 있더라도 자연적으로 분해가 가능하고 잔류 독성이 적기 때문에 환경에 입히는 피해 면에서는 조금 더 자연 친화적일 수 있다. 이러한 관행적 유기농법도 환경에 입히는 피해는 크게 줄어들고, 농경지의 생명 다양성 측면에서는 큰 도움이 된다. 다만 아쉽게도 이런 방식으로는 내추럴 와인을 만들기가 어렵다. 내추럴 와인 생산자들은 돈을 내고 받는 유기농 인증의 취득 여부와는 전혀 상관없이 일반적 유기농 기준보다 훨씬 더 엄격한 방식의 농사를 지어야만 한다. 그것은 바로 '자연 효모' 때문이다.

집에서 자연 효모로 콤부차나 빵, 술, 식초를 빚어본 사람이라면 잘 알 수 있겠지만, 효모는 너무나 약한 균이다. 조금만 오염되어도 죽거나 수가 줄어든다. 전통주를 빚는 장인들은 누룩을 띄우는 '누룩방'을 자기 자식처럼 애지중지한다. 그 방에서 자라나서 공기 중을 떠다니는 효모들과 누룩곰팡이들이 누룩을 수십년, 수백 년간 띄우면서 점점 더 맛있고 향기로운 술을 만들 수 있도록 발전하기 때문이다. 이것은 오랜 시간 동안 술을 만들면서 잡균이 사라지고, 술을 잘 빚을 수 있는 효모와 누룩곰팡이가 살아남으며 복합적인 다양한 곰팡이와 효모가 술에 작용하지만 더 맛있는 술을 만들 수 있는 효모와 누룩곰팡이가 번성하기 때문이다.

내추럴 와인에 있어서 이 '누룩방'은 포도나무가 자라는 밭 전체다. 자연 효모는 땅속에서 겨울을 나고, 봄과 여름에 포도나무 가지와 줄기에서 자라난다. 그리고 포도가 익어가면 포도 껍질 위에 하얗게(많은 사람들의 오해와는 달리 포도 껍질의 하얀 분은 농약 잔여물이 아니다. 바로 공기 중의 효모가 포도 껍질에 달라붙어 자라난 것이다.) 번성하게 된다. 농약이나 비료를 쓰면 이런 효모들이 자라나는 생체 사이클이 망가지거나 피해를 입게 된다. 그래서 포도 껍질에서 자라나는 자연 효모의 수도 줄어들고 섬세한 맛과 향을 만드는 연약한 효모군의 다양성도 줄어들기 때문에 내추럴 와인을 만드는 데 어려움이 생긴다. 그래서 일반적인 유기농법보다 더 엄격한 방식으로 재배한 포도만 내추럴 와인의 재료가 될 수 있다.

합성 농약과 비료가 발명되기 이전에 쓰던 방식은 인위적인 것이라 해도 이미 수백 년간 좋은 와인을 만드는 데 방해가 되지 않는 것이 검증되었기 때문에 쓸 수 있지만, 유기농 규정에서 허용하는 일이라 해도 토양이나 포도나무의 효모에 피해를 줄 수 있는 방법들은 사용할 수 없는 것이 내추럴 와인을 만드는 포도밭의 관리이다.

⁑ 값비싼 와인은 대부분 비오디나미 와인 공법으로 생산

비오디나미는 유기농에서 한발 더 나아가 '생명 역동성'을 농사에 담는 방식이다. 비오디나미 또는 바이오다이내믹이라는 용어 자체가 '생명 역동성'이라는 뜻이다. 이것은 1920년에 오스트리아의 과학자이자 철학자인 '루돌프 슈타이너'가 제창한 개념이다. 합성 비료가 개발되면서 땅의 자연적인 지력이 파괴될 정도로 비료가 남용되는 것을 보고 루돌프 슈타이너는 조상들의 음력 농사법에 기반하여 자연적으로 발효한 퇴비를 쓰고 밭 전체의 생물 다양성을 늘려 땅의 지력을 보호하며 더 좋은 작물을 얻게 하는 방법을 주창했는데, 이것이 비오디나미 농법이다.

비오디나미 농법에는 고전 점성술과 중세 농민들의 농사법이 지나치게 많이 개입되어 있어 현대인의 눈으로 보기에 비과학적인 방법이 많이 녹아 있다. 예를 들어 달이 보름달일 때 달의 인력이 지구에 가장 큰 영향을 끼치니까 이때 식물의 씨를 심으면 달의 인력에 의해 싹이 솟아나오는 데 가장 좋다는 비오디나미 농법의 주장이 있다. 이런 주장들은 과학적으로 근거가 없는 것으로 여러 실험을 통해 밝혀졌다(달의 인력은 질량에 비례하여 영향을 주기 때문에 식물의 씨나 싹에 주는 영향은 산들바람보다도 훨씬 적기 때문이다). 하지만 그럼에도 불구하고 지난 수십 년간 비오디나미 농법을 연구해 온 과학자들 덕에 비오디나미 방식에서 쓰는 대부분의 농법은 현대 과학적으로도 의미가 있음이 밝혀졌다.

소의 퇴비를 발효시키면 밭의 유기물이 풍족해져서 땅속에 지렁이들이 훨씬 더 많이 자라날 수 있다. 그러면 트랙터로 밭을 고르지 않더라도 땅속에 공기가 들어가고 흙이 부드러워져서 식물의 뿌리가 더 깊게 들어갈 수 있게 된다. 또한 다양한 허브가 포도나무 사이에서 자라게 되면서 이 허브들이 자신을 지키기 위해 뿜어내는 보호 성분들과 향이 자연적으로 포도의 질병을 줄여주기도 한다. 전 세계 대부분의 와이너리에는 내추럴 와인을 만드는 곳이 아니라도 포도나무 사이에 장미를 심는 경우가 있다. 이것은 장미가 잘 자라는 조건이 포도나무와 비슷한 반면에 많은 병충해에는 포도나무보다 약하기 때문이다. 그래서 포도나무 사이의 장미가 병든 것 같으면 포도까지 상하기 전에 문제를 파악하고 대처할 수 있다. 비오디나미 농법을 쓰는 포도밭에서는 자연적인 잡초와 허브들이 포도나무와 함께 자라는데, 이러한 특정 허브들은 각 종에 따라 다양한 포도 질병이나 병충해에 포도나무보다 약해서 농부들이 밭을 돌아다니면서 병충해가 생길 것을 미리 파악하고 조치할 수 있게 도움을 준다. 또한 토양의 표면에서 허브들이 자라나니까 포도는 표면층의 물과 양분을 이들과 경쟁하기보다는 더 깊게 뿌리가 파고들면서 더 다양한 영양과 깊은 곳의 좋은 물을 빨아들이는 장점도 있다.

이렇게 비오디나미 농법은 오랜 시간 그 땅에서 자라온 생명들을 농작물과 함께 자라게 하여 종 다양성이 오히려 작물에 도움을 주게 하며 오랜 세월 밭을 일궈온 농부들의 경험과 지식을 포도밭에 녹여낸다.

세계 최고의 와인들은 내추럴 와인인지 여부를 가리지 않고 거의 비오디나미 방식으로 재배된다. 도멘 드 라 로마네 콩티Domaine de la Romanée-Conti; DRC, 메종 르루아Maison Leroy처럼 세계에서 가장 비싼 와인들도 비오디나미 와인이다. 이미 세계적인 와인들 중 비오디나미 농법을 엄격하게 따르는 경우가 워낙 많다 보니 많은 와인 메이커가 비오디나미 농법을 쓰는 것도 당연한 일일 것이다.

대부분의 비오디나미 와인은 거의 내추럴 와인에 가깝게 양조하는 경향이 있다. 까다로운 비오디나미 농법을 완전히 지키는 사람들이 와인 양조에 있어서 자연적이지 않은 단계를 쓰는 경우는 적기 때문이다. 하지만 비오디나미 와인 역시 규정상 와인 양조의 규제는 적기 때문에 포도를 살균하고 배양 효모를 쓰거나, 병입 시에 이산화황을 과다하게 넣는 등의 차이가 있다. 당연히 이를 철저하게 지키는 내추럴 와인과는 다른 와인이다.

내추럴 와인은 유기농 와인이나 비오디나미 와인보다 한 단계 더 나아간 방법이지만, 이것은 수천 년간 우리가 마셔오던 원래 와인을 만드는 방식이기도 하다. 유기농이나 비오디나미로 얻은 포도를 포도 껍질에 자생하는 자연 효모만으로 발효하고 그 무엇도 넣지도 빼지도 않고 만든 와인이기 때문이다. 오직 고대 로마 시절부터 쓰이던 이산화황을 와인병이나 오크통을 소독하기 위한 목적이나, 병입 시에 와인 안정성을 위해 극소량 쓰는 것만을 허용하며 이마저도 와인 양조 중에 쓰는 것은 허용하지 않는다. 이산화황 이야기는 사람들이 내추럴 와인에 대해 가장 많이 오해하는 부분이기도 한데 그에 관한 내용은 뒤에서 자세히 설명하고자 한다.

결점이 아닌 매력, '펑키'함

와인을 잘 알고 이미 오랫동안 많이 마셔온 사람들이라 해도 내추럴 와인을 처음 접하면 깜짝 놀라는 경우가 있다. 바로 펑키funky라는 용어 때문이다. 많은 사람들이 내추럴 와인은 컨벤셔널 와인과 아주 다르고 이해하기 힘든 맛과 향이 난다고 오해한다. 그것은 사실이 아니다. 내추럴 와인에는 컨벤셔널 와인이 가진 대부분의 와인 스타일이 있다. 여기에 대량 생산으로는 표현하기 어려워 사라져버린 다양한 타입의 와인이 더해졌다. 이로 인해 와인의 다양성은 더 넓어졌다. 단순하게 독특하고 특이한 와인만이 있는 것이 아니다. 보르도Bordeaux의 내추럴 와인 명가인 샤토 멜레Chateau Meylet나 와인 만화 『신의 물방울』의 한 에피소드에도 주인공으로 등장한 바 있는 보르도 내추럴 와인의 또 다른 명가 샤토 르 퓌Chateau Le Puy 같은 곳의 와인은 누가 마셔도 보르도의 톱 클래스급 와인이면서 동시에 내추럴 와인이다. 반면에 보르도의 동남쪽, 베르주락Bergerac의 레스티냑Lestignac은 매우 독특한 스타일로 좋은 와인을 생산하는 유명 생산자이다.

부르고뉴Bourgogne는 또 다른 내추럴 와인의 성지이다. 부르고뉴 화이트 와인의 최고봉인 도멘 르플레브Domaine Leflaive를 운영하는 앤 클로드 르플레브Anne Claude Leflaive 여사는 내추럴 와인 제법으로 와인을 양조하지만 굳이 자신의 와인을 내추럴 와인이라 이야기하진 않는다. 그런 그녀가 자신이 가장 좋아하는 르플레브 외의 와인이라 말하며 매년 컬렉팅하는 와인이 있다. 바로 알렉산드르 주보Alexandre Jouvea의 와인들이다. 주보는 패션 브랜드 샤넬의 사진작가 생활을 그만두고 본인의 예술성을 내추럴 와인 양조에서 뽐내며 부르고뉴 화이트 와인의 걸작들을 만들고 있다. 그의 와인은 완벽한 내추럴 와인으로, 르플레브처럼 깨를 갓 볶은 듯한 고소한 리덕션reduction(환원 반응으로 인한 와인의 변화를 뜻하며, 리덕션에 대한 더욱 자세한

드 로브 아 로브De L'aube a L'aube

설명은 뒤에서 할 예정이다) 향과 깨끗한 과실 향, 뉴 오크 향에 덮이지 않은 과일 그 자체의 맛과 향으로 전 세계 부르고뉴 와인 애호가들의 사랑을 받고 있다.

신세대 부르고뉴 와인의 걸작을 매년 생산하는 얀 뒤리유Yann Durieux도 내추럴 와인 생산자이다. 러브 앤 핍Love & Pif 같은 알리고테Aligoté• 화이트 와인의 걸작을 비롯하여 마스 어택Mars Attack 같은 새로운 스타일의 진하고 묵직한 부르고뉴 레드 와인으로 우리가 아는 부르고뉴와 다른 스타일도 잘 만들지만, DH 블랑DH Blanc이나 GC(제브리 샹베르탱Gevrey Chambertin), 자노Jeannot와 같은 클래식한 부르고뉴 와인들을 좋아하는 사람들의 눈에 하트를 짓게 하는 어마어마한 와인들도 생산되지만 모두 완벽한 내추럴 방식이다.

한국에서 소비자가 100만 원이 넘는 자노는 블라인드 테이스팅에서 몇 번이나 도멘 드 라 로마네 콩티의 에세조(소비자가 약 350만 원 이상)를 꺾으면서 '이 가격에 가성비가 좋은 와인'

• 알리고테Aligoté: 부르고뉴 지방에서 재배되고 있는 청포도이다. 이 포도로 드라이하고 레몬 같은 신맛이 나는 화이트 와인을 만든다.

이라는 별명을 가지고 있기도 하다.

와인의 매력은 다양성이다. 내추럴 와인은 와인의 다양성을 더 늘려주는 재미있는 와인들이지 기존 와인에서 더 편협해지는 와인은 아닌 것이다.

펑키란 '파격적이고 멋지다'는 뜻이다. 기존 와인의 기준으로 평가하자면 결점으로 치부될 수 있는 면이 있지만 그걸 넘어서는 생명력과 매력을 갖고 있는 멋진 와인들에 파격적으로 붙는 칭호이다. 뒤에 설명할 브렛brett, 마우스mouse, 볼라틸volatile 같은 요소들이나 가볍고 벌컥벌컥 마실 수 있는 스타일, 의도적으로 살짝 피지fizzy하게(거품이 나게) 발효하는 과정에서 자연적으로 생성되는 탄산을 살짝 남기거나 하는 식으로 기존의 와인에서는 느낄 수 없는 독특함이 있는데, 그게 또 새로운 매력이 되는 와인을 뜻한다. 이런 스타일은 오히려 와인을 처음 마시는 사람들은 선입견 없이 좋아하는 경우가 많지만 컨벤셔널 와인만, 특히 신대륙 컨벤셔널 와인 위주로 마셔온 사람은 이해하기 힘들 수도 있다. 하지만 내추럴 와인을 조금 경험하다 보면 이런 타입의 매력을 충분히 느끼고 빠져들 수 있다.

평키한 내추럴 와인에는 굉장한 장점이 있다. 발효 향이 충분히 있기 때문에 동양의 음식들, 특히 발효 음식이나 간장, 된장 등의 장류가 들어간 음식들과 아주 잘 어울린다는 점이다. 세계에서 가장 먼저 내추럴 와인이 유행하고, 지금도 세계 최대의 내추럴 와인 순소비국인 나라가 바로 일본이다. 일본에서 내추럴 와인이 처음으로 유행했던 것이 1980년대 말이며 1차로 유행의 정점에 이르렀던 것이 1990년이다. 2022년 기준으로, 내추럴 와인이 유행한 지 40년이 넘은 것이다. 1990년에 일본의 내추럴 와인 소비량은 와인 종주국인 프랑스보다 많았고, 일본 전체 와인 소비량의 10%를 넘었으며, 2019년 기준 한국의 전체 와인 소비량과 맞먹는 수치였다.

당시 일본은 버블 경제의 정점이었다. 일본에서 수많은 천재 소믈리에가 배출되고 일본 음식이 세계로 진출하는 시기였다. 하지만 일본의 파인 다이닝이 세계로 진출하는 데에는 어려움이 있었다. 와인과의 매칭이 쉽지 않았기 때문이다. 간장이나 미소(일본식 된장)를 쓴 음식이 많고, 심지어 초밥은 식초와 설탕과 소금으로 버무린 밥이 들어가는데 그걸 간장에 찍어 먹으니 컨벤셔널 와인과의 매칭이 쉽지 않았던 것이다. 이때 발효 음식과 잘 어울리는 내추럴 와인과 일식의 매칭은 굉장히 매력적일 수밖에 없었다. 그래서 오랜 시간 동안 일본은 내추럴 와인의 천국으로 군림하고 있으며 현재에 들어서는 훌륭한 퀄리티의 '일본 내추럴 와인'도 상당히 생산하고 있다.

또한 아시아 베스트 레스토랑 1위에 빛나는, 인도 출신의 가간 아난드 셰프가 운영하는 방콕의 레스토랑 '가간Gaggan' 같은 경우도 내추럴 와인만을 리스팅하는데, 가간 셰프는 화려한 향신료와 어울리는 와인은 내추럴 와인밖에 없다고 말해 왔다. 마지막으로 오랫동안 세계 최고의 레스토랑이었던 노마NOMA도 발효 식재료와 다양한 재료를 발효한 천연 식초 그리고 허브와 스파이스를 화려하게 쓰기 때문에 오직 내추럴 와인만으로 전체 와인 리스트를 꾸렸다.

사람들마다 '펑키하다'의 정의를 다르게 받아들이기 때문에 어떤 생산자들은 자신의 와인을 펑키하다고 부르면 기분 나쁘게 생각한다. 단지 섬세하고 정교하며 잘 만든 와인인데 누군가 이해하기 힘든 요소가 있다고 해서 펑키하다고 할 수는 없다는 이야기다. 대체로 주시juicy(과일 향이 나고 상큼하다)하고 정교해서 특이하지만 '결점'의 요소가 없는 와인을 만드는 생산자들이 이런 이야기를 하곤 한다. 반대로 클래식한 내추럴 와인들은 결점이나 거슬리는 면이 전혀 없이 생명력과 멋진 테루아, 빈티지를 표현해 주는 와인들이다. 상대적으로 펑키한 타입의 내추럴 와인들에 비해 기존의 컨벤셔널 와인을 마시던 사람들이 내추럴 와인으로 건너올 때 거부감 없이 경험하기 좋다. 여기에 대해서는 긴 설명이 필요하진 않을 것이다.

'펑키하다'와 '클래식하다'는 모두 스타일의 차이이다. 그래서 다양한 내추럴 와인을 경험하면 오히려 이런 분류법으로 구분하기가 어렵다. 어떤 분야든 일정 수준을 넘어서면 대부분의 사람들은 대단하다고 느끼기 때문이다. 펑키한 와인과 클래식한 와인은 우열의 관계가 아니라 스타일의 차이이다. 장르가 다른 예술가들을 누가 우월하고 열등하다고 구별하기 어렵다. 와인에는 오직 좋은 와인과 더 좋은 와인이 있을 뿐이다. 뒤에서 설명할 제롬 소리니Jerome Saurigny나 라디콘Radikon, 얀 뒤리유와 같은 생산자들의 내추럴 와인은 누가 마셔도 완벽한 행복을 줄 뿐이다.

제롬 소리니 아레포Jerome Saurigny Arepo

제롬 소리니 살라망드르Jerome Saurigny Salamandre

내추럴 와인 이해의 첫 단계

이상하고 낯선 브렛, 마우스, 볼라틸, 리덕션

꼬릿한 냄새에도 불구하고 대부분의 한국인은 감칠맛과 깊은 맛이 나는 청국장을 즐겨 먹는다. 그런데 공장에서 대량 생산한 청국장 중에는 호불호가 강한 향을 빼면서 동시에 맛도 반감시킨 경우가 있다. 그러나 청국장을 좋아하는 사람들은 안다. 청국장의 매력은 바로 이 꼬릿한 냄새도 한몫한다는 것을. 마찬가지로 펑키한 타입의 내추럴 와인에서는 브렛, 마우스, 볼라틸의 독특한 뉘앙스가 아주 약간 있지만 감칠맛과 생명력에서는 컨벤셔널 와인과 비교할 수 없는 매력이 생긴다(이 셋 모두 너무 강해서 와인 향을 모두 덮어버리면 내추럴 와인에서도 분명히 결점이다. 그것은 청국장이 냄새만 나고 아무런 감칠맛이 없거나 냄새는 없고 맛만 나는 것과 마찬가지이다).

브렛은 브레타노미세스Brettanomyces라고 하는 효모가 와인 발효 시에 영향을 끼치면서 나타나는 맛과 향이다. 이 브레타노미세스는 공기 중에 떠다니는 자연 효모 중 한 종류이다. 맥주에서는 이 브렛이 초산균을 억제하면서 독특한 풍미를 내기 때문에 크래프트 비어에서 선호하는 효모 종류이기도 하다. 일반적인 효모를 아예 쓰지 않고 브레타노미세스 100% 괴즈Geuze로 발효하면 쿰쿰하고 새콤하면서 독특한 풍미가 가득한 맥주가 된다. 맥주 중 가장 비싸고 귀한 맥주 중 하나인 괴즈Geuze, 오드 괴즈Oude Gueuze, 사워 비어Sour Beer가 자연적으로 이 브렛의 영향을 받는다. 맥주는 일반적으로 알코올 도수가 낮기 때문에 초산균이 번식해서 식초가 되기 쉽고, 브레타노미세스는 초산균을 제거하는 특징이 있어 예로부터 홉을 쓰기 전에는 브렛을 적극적으로 쓰는 스타일의 맥주가 많았던 것이 현대까지 전해져 내려오는 것이다.

와인에서는 브렛 향이 싱싱한 과일 향을 잡아먹기 때문에 꽤 심각한 결점으로 생각한다. 브렛은 마구간 냄새, 암내, 오래 붙인 반창고 냄새와 같은 퀘퀘한 향을 내기 때문이다. 하지만 내추럴 와인에서 이 브렛이 아주 미세하게 발효에 영향을 끼치면 독특한 매력을 주기도 한다. 브렛이 아주 약간 영향을 끼친 경우에 포도 품종에 따라 육포나 드라이에이징 스테이크의 육즙 같은 육향의 맛과 향을 준다. 그래서 발효 소스, 간장이나 된장 유類의 소스를 얹은 요리나 드라이에이징을 오래 해서 치즈 같은 감칠맛이 가득한 스테이크에 가장 잘 어울리는 레드 와인은 섬세한 브렛 뉘앙스가 있는 내추럴 레드 와인인 경우가 많다.

도멘 레옹 바랄Domaine Leon Barral의 레드 와인들을 섬세하게 디캔팅하거나 충분히 브리딩하여 마시면 이런 섬세한 브렛을 잘 느껴볼 수 있다. 그 외에도 수많은 내추럴 와인에서 '섬세한 브렛'의 영향을 느낄 수 있다. 브렛의 쿰쿰한 향은 디캔팅을 하거나 숙성한다고 해도 변하지 않고 사라지지도 더 심해지지도 않는다. 코와 입에서 모두 쿰쿰함을 느낄 수 있지만 상대적으로 냄새에서 더 잘 느껴진다.

와인 전문가들과 소믈리에들도 정확히 분간하기 쉽지 않은 와인의 상태가 있다. 바로 '브렛'과 '마우스', '볼라틸'과 '리덕션'이다. 이 단어들을 처음 들어보는 사람도 많을 것이다. 옛날에는 이 네 가지 상태에 대해 원인도 모르고, 양조 중이나 숙성 중에 갑자기 생겨 조절할 수 없이 심각하게 와인이 이상하게 변했기 때문에 심각한 결점으로 여겼다. 이 상태에서 벗어나기 위해 와인에 많은 첨가물을 넣어 안정화시키는 데 힘을 썼다. 하지만 내추럴 와인 양조에서는 첨가물을 넣지 않기 때문에 이 상태가 많은 이슈가 되었다.

도멘 레옹 바랄Domaine Leon Barral의 현 오너 디디에 바랄 Didier Barral

내추럴 와인을 만드는 사람들은 과학과 기술, 현대적 양조법을 거부하는 사람들이 아니다. 이들은 오히려 현대의 발전된 과학과 기술, 양조법을 전통적인 제조 방법에 접목함으로써 더 많은 사람들이 더 쉽게 내추럴 와인을 양조할 수 있는 방법을 제시한다. 내추럴 와인을 만드는 사람들은 손이 더 많이 가고 더 적은 양의 와인을 만들더라도 자연스러운 테루아를 그대로 발현하는 진짜 와인 맛을 내고자 한다. 첨가물과 성분 조정 같은 쉬운 길을 가지 않기 위해 더 공부하고 더 일하는 사람들이다. 실제로 도멘 르 마젤Le Mazel의 제랄드 외스트릭Gerald Oustric처럼 양조학 교수나 전문가로서 최첨단의 포도 재배와 와인 양조 지식을 가지고 내추럴 와인을 만드는 사람들이 정말 좋은 와인을 만들어내곤 한다.

이제는 내추럴 와인 양조자들이 이 네 가지 상태가 자연적으로 거의 안 일어나는 양조법을 쓸 수도 있고, 볼라틸이나 마우스 같은 상태를 아주 섬세하게 이용하여 오히려 와인에 매력을 더할 수도 있으며, 리덕션이 있으면 오래 숙성했을 때 정말 좋은 와인이 될 것이라는 평가를 받을 수도 있게 되었다.

⁑ 브렛, 아슬아슬한 매력 또는 결점

먼저 브렛의 양조학적 의미를 알아보자. 크래프트 비어를 마시는 사람들은 좋아하기도 하고, 심지어 일부러 이 특징이 두드러지는 양조법을 쓰기도 하지만 와인을 마시는 사람들은 고개를 젓는 특징을 나타내는 테이스팅 용어가 있다. 바로 '브렛brett'이다. 하지만 이 브렛을 제대로 테이스팅에서 감지할 수 있거나,

브렛이 무엇이고 와인에 어떤 영향을 주는지를 알고 있는 사람은 많지 않다.

브레타노미세스Brettanomyces를 줄여 부르는 브렛은 매우 흔한 미생물이며, 와인을 발효하는 효모의 일종이다. 모든 와이너리 그리고 모든 과일과 흙에서 흔하게 발견되는 미생물이자 효모이다. 많은 사람들이 효모는 한 종류의 균이라 생각하지만 사실 당분을 알코올과 이산화탄소로 발효시킬 수 있는 미생물 중 사람에게 해로운 물질을 내뿜지 않아 단독으로 빵이나 술을 만들 수 있는 미생물들을 통칭해서 효모로 부를 수 있으며 그 종류는 굉장히 다양하다.

효모에 불과한데 브렛이 왜 와인에서 문제가 될까

첫째, 브렛은 매우 흔하다. 너무나 흔해서 어떻게 와인을 발효하더라도 어느 정도의 브렛은 머스트Must(와인으로 발효하기 위한 포도액)에 섞여 들어갈 수밖에 없다. (AWRI의 2017년 논문에 따르면 브렛의 영향을 완벽하게 제거하는 양조법은 1990년대 중반에 개발되었으며 1990년대 초반 이전의 전 세계 모든 와인은 정도의 차이만 있지 브렛의 영향이 있고, 2015년 빈티지의 컨벤셔널 양조된 수백 종의 호주 와인을 무작위 검사한 결과, 현재도 과반수의 와인에서 극히 소량이라도 브렛을 검출할 수 있다.)

둘째, 브렛은 그 자체로 효모의 일종이다. 그래서 브렛을 완벽하게 죽이는 조건에서는 효모도 완전하게 죽는다. 앞에서 언급한, 브렛의 영향을 완벽하게 제거하는 방법도 결국 포도를 착즙할 때 완벽하게 살균하고, 완벽하게 살균된 환경에서 상업 효모를 첨가하여 와인 양조를 한 뒤 와인을 다시 살균하고 무균 상태에서 병입하는 방법이다. 그래서 내추럴 와인에서는 브렛을 완벽하게 제거하는 것은 불가능에 가깝다.

셋째, 브렛은 발효 과정에서 와인 효모와 다른 향미 물질을 생성한다. 그래서 우리가 와인에서 기대하는 향과는 매우 다른 향을 만들어낼 수 있다. 즉, 흔하고 제거하기도 힘든 녀석이 괴상한 맛을 내게 하니까 문제가 되는 것이다.

브렛이 섞여 발효된 와인에는 다음의 네 가지 향미 물질이 생겨난다.

1. 4-에틸페놀4-ethylphenol, 4-EP: 일회용 반창고 냄새, 병원 냄새, 소독약 냄새

2. 4-에틸구아야콜4-ethylguaiacol, 4-EG: 간장 냄새, 베이컨 냄새, 정향, 훈제 향

3. 이소발레르산Isovaleric acid: 발냄새, 쿰쿰한 숙성 치즈 향, 땀 냄새

4. 4-에틸카테콜4-ethylcatechol, 4-EC: 감칠맛, 농도가 낮을 때는 야생 동물의 육향을 내고 꽃과 과일 향을 더 강하게 해주지만, 농도가 높아지면 상한 가죽, 동물의 분뇨와 같은 향

2번과 4번이 소량이면 와인에 긍정적인 향을 낸다. 3번도 진하고 묵직한 와인에서 소량 느껴질 경우에는 육감적인 향으로 전해질 수 있다. 반면에 1번 에틸페놀 향은 소량이라도 와인에 불쾌한 느낌을 주며, 과일 향기와 발효 향을 가로막는다. 여기서 이 글의 주요한 포인트가 있다.

와인 테이스팅 용어에서의 브렛은 엄밀하게는 브렛 효모에 의해 와인이 발효되었다기보다는 '에틸페놀 향이 나서 와인이 불쾌한가?'에 가깝다. 에틸구아야콜과 이소발레르산, 에틸카테

콜의 향이 많이 나서 느껴지는 불쾌함 역시 테이스팅 용어 '브렛'에 포함되지만, 이 성분들이 조금 들어 있어서 생겨나는 향기는 별개의 문제이다. 물론 이 성분들의 양이 많아지면 에틸페놀의 향이 더 불쾌하게 느껴진다는 점도 꼭 언급해야 할 것이다.

브렛의 뉘앙스는 와인마다 매우 다르다. 와인 테이스팅 용어상의 '브렛', 그러니까 에틸페놀 향은 거의 모든 상황에서 매우 부정적이다. 그러나 브렛 효모의 영향을 받아 생겨난 타입의 '마우스'는 가끔 와인에 매력적인 요소가 되기도 하고, 심지어 성분 분석을 하면 분명히 브렛의 영향인데도 굉장히 맛있고 향기로운 뉘앙스로 느껴지기도 한다. 왜 이런 차이가 생길까?

포도 품종에 따라 브렛 효모는 에틸페놀과 에틸구아야콜 생산량은 다르다. 당연히 당도와 산도, 미네랄, 경쟁 균류의 차이 등이 영향을 미친다. 예를 들어 피노 누아Pinot Noir나 가메Gamay에서는 EP(에틸페놀)와 EG(에틸구아야콜)의 비율이 3:1로 생성된다. 이때 브렛의 영향이 약할 경우에는 와인에서 가죽과 헛간 향기, 정향이나 스타아니스와 같은 묵직한 향신료 뉘앙스가 느껴진다. 그런데 '가죽', '헛간', '향신료'는 사실 아주 좋은 부르고뉴 레드 와인의 특징적 향 중 일부이다. 이것이 대표적으로 테이스팅 용어 '브렛'에 들어가지 않는 브렛 효모의 영향을 받은 향이다. 특히 내추럴 피노 누아에서는 약간의 마우스와 함께 굉장히 섹시한 향기로 느껴질 수 있다.

완전히 반대되는 품종은 시라즈Shiraz와 시라Syrah이다. 여기서 EP와 EG는 23:1 비율로 생성된다. 따라서 브렛의 영향 대부분이 테이스팅 용어 '브렛'으로 느껴지게 된다. 호주 와인이나 론Rhone 지역의 와인이 브렛의 영향 속에서 양조된다면 대부분 소독약 냄새나 일회용 반창고 냄새가 난다고 느낀다.

브렛의 강도에 따라 와인은 어떻게 다르게 느껴질까? 부르고뉴 와인과 루아르Loire 와인의 약한 브렛 효모의 영향은 '브렛'으로 감지되기도 힘들거니와 오히려 복합적이고 섹시한 향기로 느껴질 수 있다. 그러나 브렛 효모의 영향이 커서 농도가 짙어지면 문제가 된다. EP에 의한 테이스팅 용어 '브렛'의 악취가 느껴지는 것은 물론이고 EG 역시 묵은 간장 냄새로 감지되기 시작한다. 게다가 화장실 냄새와 발냄새 같은 EC(에틸카테콜)와 이소발레르산 영향도 점점 커지게 된다. 와인의 과일 향과 발효 향을 덮어버리는 악취가 느껴지니 와인이 맛있게 느껴지긴 힘들 것이다.

양조 과정에서 생기는 브렛도 정도가 심하면 문제를 일으킬 수 있지만 진짜 문제는 와인병 속에서 브렛이 활성화하는 경우이다. 비교적 알코올 도수가 낮으며 당도가 약간이라도 남아 있는 와인이 특히 위험하다. 브렛은 1리터당 0.2mg 미만의 아주 적은 당분으로도 활성화할 수 있기 때문이다. 양조 중에 생긴 브렛과 달리 병 속에서 생긴 브렛은 각 와인병마다 브렛이 강하게 느껴질 수도 있고 아닐 수도 있는 식으로, 병의 조건에 따라 크게 차이가 난다. 컨벤셔널 와인에서는 이러한 위험을 막기 위해 브렛 효모를 멤브레인 필터로 거른 뒤 이산화황으로 살균하여 병입한다. 내추럴 와인에서는 필터와 이산화황을 사용하지 않기 때문에 효모가 활성화하지 않도록 와이너리에서도 청결하게 양조·병입을 진행하고 이후에 저온에서 셀러링을 한다.

병입 후 활성화된 브렛은 병 속에서 불쾌한 향을 품은 탄산가스를 만들어내며, 와인의 남아 있는 당을 지나치게 소진하여 와인 맛의 균형을 깨서 와인을 너무 드라이하게 만든다. 그리고 병 속의 혐기 환경에서 스트레스 속에서 발효를 일으키며 불쾌한 향을 내는 물질을 더 많이 생성시킨다. 그래서 병입 후 생긴 브렛은 언제나 치명적이다.

그러나 브렛의 악명을 내추럴 와인에 돌리는 것은 상당히 문제가 있다. 브렛을 방지하기 위한 과도한 살균 공정(과다하다고 하는 이유는, 브렛을 완벽하게 방지하는 공정을 돌리면 컨벤셔널 와인이라도 와인의 품질과 향을 많이 잃게 되기 때문이다.)을 돌리지 않으면 컨벤셔널 와인에서도 브렛의 영향이 조금씩은 있고, 또한 우리가 매력적으로 여기는 와인들의 특징 중 일부도 사실은 아주 약간의 브렛의 영향이기 때문이다.

대표적으로 컨벤셔널 와인인 샤토 무사르의 수석 와인 메이커 인터뷰에 따르면, 무사르에서 느껴지는 가죽 향과 숙성 치즈향, 고급스러운 드라이에이징 쇠고기 같은 육즙 향은 발효 과정에서 자연스럽게 아주 약간의 브레타노미스스의 영향을 받기 때문이라고 한다.

부르고뉴에서 만들어지는 대부분의 위대한 레드 와인들에서 느껴지는 향신료와 가죽, 젖은 낙엽과 이끼 향도 테이스팅 용어 '브렛'의 향은 아니지만 브렛 효모의 영향이다. 테이스팅 용어 '브렛'이 와인에서 느껴지는 것은 와인의 명백한 결점이다. 하지만 극소량의 브렛 효모에 의해 와인에 매력적인 특성이 나타날 수도 있다.

내추럴 와인에서 극소량의 브렛 효모에 의해 긍정적인, 섹시한 향미들이 생겨날 때는 대부분 약간의 '마우스' 특성이 함께하며 일부의 경우에는 독특한 '볼라틸 애시드' 느낌이 같이 난다.

⁑ 마우스, 쥐 냄새의 독특한 매력

'마우스mouse'•는 뭘까? 마우스는 발효 초반에 젖산 발효균이 효모와 함께 활성화하거나, 발효 초반에 효모가 재빠르게 발효를

• 마우스: 와인 테이스팅 용어의 하나로, '자극적이고 톡 쏘는 냄새로서 바람직하지 않은 젖산균의 작용 때문에 일어나는 현상'을 표현한다. 이 냄새가 약할 때는 고소한 비스켓이나 크래커의 향으로 느껴지지만 강해지면 실험용 쥐를 키우는 케이지에서 나는 냄새와 비슷하다고 해서 이런 이름이 붙었다. 마우지mousy 혹은 마우지네스mousiness라고도 한다.

진행시키지 못했을 때 주로 나타난다. 마우스의 특징은 와인에서 오래된 쥐 오줌 냄새가 난다는 점이다. 그래서 '쥐'라는 뜻의 마우스란 이름이 붙었다.

마우스는 브렛과 함께 있는 경우가 많아 이 둘을 분간하려면 꽤나 연습이 필요하다. 마우스는 어지간히 심하지 않은 이상 코에서 냄새가 느껴지지 않는다. 와인은 새콤한 맛이 있는 산성 액체인데 마우스를 느껴지게 하는 세 화합물(ATHP, ETHP, APY)은 산성에서는 잘 활성화하지 않고 휘발되지 않아서 감지하는 게 어렵기 때문이다. 오히려 와인의 향에서는 큰 문제가 없는데 입에 넣어서 침으로 희석되었을 때 김치 군내나 장마철 습기 먹은 화장실 냄새, 쥐 오줌 냄새 같은 불쾌한 느낌이 나면 마우스임을 확신할 수 있다. 신기하게도 마우스를 일으키는 물질들은 인체에 유해하지 않다. 단지 이 성분들이 많아지면 와인 맛이 불쾌해질 뿐이다. 그런데 더욱 재미있는 것은 이 마우스가 아주 조금, 섬세하게 일어나면 많은 사람들이 좋아하는 특징이 된다. 와인에서 뻥튀기와 누룽지 향이 구수하게 나거나 가끔은 '고소한' 향처럼 느껴지기도 하기 때문이다. 펑키한 와인에서 아주 화려한 과일 향과 이런 구수한 향이 어우러지면 그 어떤 컨벤셔널 와인에서도 느낄 수 없는 맛있는 뉘앙스가 되기도 한다. 사실 한국인에게는 이 뉘앙스가 더 익숙할 수밖에 없는데, 누룩으로 발효한 막걸리나 전통 방식으로 양조한 청주에서 은은하게 느껴지는 향이기 때문이다. 펑키한 내추럴 와인 대부분에서 이 마우스를 적든 많든 느낄 수 있다.

마우스는 아주 예민한 소수를 제외하면 와인과 같은 산성 용액에서는 향을 느낄 수 없다. 그러나 와인을 마실 때 입속에서 타액과 섞이며 산도가 낮아지면 휘발성을 나타내면서, 불쾌하게 텁텁한 뒷맛과 함께 역한 쥐 오줌 냄새를 남기게 된다.

1996년 Grin의 논문에 따르면 마우스의 원인이 되는 물질은 2-아세틸테트라히드로피리딘acetyltetrahydropyridine, ACTPY, 2-에틸테트라히드로피리딘ethyltetrahydropyridine, ETPY, 2-아세틸피롤린acetylpyrroline, ACPY, 세 가지이다. 이 성분들은 대체로 와인의 날카로운 신맛을 내는 사과산을 부드러운 산미의 젖산으로 발효하는 말로락틱malo-lactic 발효 과정에서 유산균에 의해 생겨난다. 가끔씩 묵은 동치미에서 쿰쿰한 냄새를 느껴본 적이 있을 것이다. 같은 유산균에 의해 생겨난 같은 향이다. 즉, 마우스를 잘 모른다면 쿰쿰한 묵은 동치미를 들이켠 다음 느껴지는 그 느낌을 생각하면 된다! 또한 브렛에서 언급했다시피, 브렛 효모가 만들어내는 성분들도 마우스 테이스트를 만들 수 있으며, 브렛 효모 자체가 위의 세 가지 물질도 만들어낼 수 있다. 심지어 와인 외에 동치미의 쿰쿰한 냄새 자체도 브렛 효모의 영향을 받아 만들어지기도 한다(2001년 코셀로Cosello의 논문에 의하면 그 외 마우스를 일으키는 효모군들이 더 있다. 참고 문헌 참조).

ACTPY는 갓 구운 빵의 바삭한 크러스트에서 느껴지는 고소한 향을 내는 물질이다. 그러나 언제나 그렇듯 모든 향은 '농도'에 따라 좋을 수도 나쁠 수도 있다. 이 향이 와인에 많이 남게 되면 과일 향과 꽃향기들을 가로막고 먹먹한 느낌이 나게 된다. ETPY는 팝콘 향과 옥수수 향을 내는 물질이다. 그러나 이 향이 와인에 많이 남게 되면 쥐 오줌이나 고양이 오줌 같은 냄새가 나게 된다. ACPY는 생쌀 향기나 갓 지은 밥 냄새와 비슷한 향이다. 그러나 이 향이 와인에 많이 남게 되면 곡식 향기가 와인의 과일 향과 꽃향기를 가로막게 된다.

브렛에 의한 영향처럼 마우스로 인해 생성되는 물질들도 약간 남아 있으면 굉장히 고소하고 흥미로운 향을 낸다. 이 향들이 내추럴 와인에서는 굉장히 생기 있고 매력적인 요소가 되기도 한다. 그렇다면 어떤 상황에서 마우스가 와인에 결점이 되는지도 의문이 생길 것이다. 마우스가 와인에 명백한 결점을 주는 경우는 다음의 세 가지이다.

첫째, 발효 초반에 알코올 발효와 말로락틱 발효가 동시에 진행되어 버리는 경우

원래 컨벤셔널 와인 양조에서는 말로락틱 발효를 진행하지 않는 와인도 많으며, 진행할 경우에도 포도를 살균하고 효모를 넣어 발효한 뒤 다시 살균하고 유산균을 넣어 말로락틱 발효를 진행한 다음 다시 살균한다.

내추럴 와인 양조에서는 양조가 정상적으로 진행될 경우 알코올 발효가 끝날 때까지는 유산균들이 효모에 눌려 기를 펴지 못하다가 효모가 당분을 다 소진하고 비활성화하면 그때 유산균들이 사과산을 젖산으로 발효하게 된다. 이렇게 되면 높은 산도와 높은 알코올에 의해 유산균들이 이상 번식을 하지 못하면서 깔끔하게, 날카로운 맛의 사과산을 부드러운 산미의 젖산으로만 발효하게 된다.

그런데 발효 초반에 효모들이 빠르게 자라지 못하면서 알코올 도수 10% 미만에서 유산균들이 활성화해 알코올 발효와 젖산 발효가 동시에 진행되는 경우가 생기는데, 이렇게 되면 유산균들이 당분도 먹고 산도 먹으면서 위의 성분들을 너무 많이 생성해 버린다. 그러면 쿰쿰한 향이 남게 된다.

둘째, 이산화황을 쓰지 않으면서 산도도 낮은 와인인 경우

컨벤셔널 와인에서는 이산화황으로 유산균을 모두 살균해 버릴 수 있으므로 이러한 문제가 거의 일어나지 않는다. 오직 내추럴 와인 중에서도 '농사를 잘못 지은' 경우에만 일어날 수 있는 문제이다. 포도즙의 산도가 너무 낮은 경우에는 높은 산도에 강한 와인 효모 외의 잡균들이 번성하기 쉬워진다. 그러면 잡균들이 온갖 악취 물질들을 만들면서 심각하게 쿰쿰한 향들을 남기게 된다. 하지만 제대로 농사를 지은 내추럴 포도가 산도가 낮을 수는 없다. 오히려 내추럴 와인의 특징이 높고 짜릿한 산미 아닐까? 그래서 이 이유로 문제가 발생하는 경우는 매우 드물다.

셋째, 와인 양조나 병입 과정에서 과도하게 산소가 들어간 경우

다음에 설명할 리덕션과는 반대되는 원인이다. 다만 이 부분은 과도한 산소로 인해 심각한 마우스가 일어난다는 것이 광범위하게 관측되었으나 아직 원인이 규명되지는 못했다. 이러한 경우가 아니라 정상적인 말로락틱 발효 과정에서 생겨난 유산균의 영향이 병 속에 남아 약간의 마우스가 생긴 경우에는 오히려 앞에서 언급한 것처럼 흥미로운 향들로 느껴질 수 있고, 와인에 독특한 매력을 줄 수 있다. 내추럴 와인을 일주일 이상 천천히 냉장고에 넣어 두고 마시다 보면 마지막에 누룽지죽 같은 향이 생겨나는 경우가 많다. 이게 바로 세 번째 이유의 마우스다.

약간의 마우스가 흥미로운 향들을 낼 수 있다는 점이 궁금하다면 르 프티 도멘 드 지미오Le Petit Domaine de Gimios의 뮈스카섹을 추천한다. 올드 바인Old Vines 뮈스카Muscat 품종이 가진 특유의 방향성이 마치 좋은 진을 마실 때의 주니퍼베리 향처럼 향긋하게 나는 가운데 고소하고 달콤하며 곡식 뉘앙스 같은 옅은 마우스가 역시 좋은 진을 스트레이트로 마실 때의 뒷맛 같은 복합적인 포인트를 준다.

⁑ 짜릿한 산미, 볼라틸

볼라틸은 초산균 또는 효모가 아닌 다른 발효균들이 영향을 미쳐서 와인에서 '휘발성 산'이 생긴 경우를 뜻한다. 휘발성 산은 대체로 식초의 아세트산이다. 와인의 산도를 결정하는 주된 산인 사과산, 주석산, 젖산 등은 휘발성이 높지 않아서 신맛이 강하더라도 산도가 코를 찌르거나 자극적이지 않다. 하지만 볼라틸이 심해지면 식초에 코를 댄 것처럼 코를 찌르는 듯한 산미가 느껴진다. 또한 과실 향이 깨끗한 와인 향으로 느껴지지 않고 과일 식초처럼 시큼하게 느껴져 버리곤 한다. 그래서 볼라틸이 일어나면 대부분의 와인, 심지어 내추럴 와인에서도 큰 결점으로 취급한다. 특히 아세테이트라 해서 이런 휘발성 산의 농도가 너무 진해져서 결정 상태로 와인에 남는 경우는 와인에서 식초맛만 나면서 과일 향을 모두 잡아먹어 손댈 수 없는 결점이 되기도 한다.

하지만 양조학의 거장들이 만드는 매우 뛰어난 내추럴 와인 중에는 이 볼라틸을 아주 섬세하게 컨트롤해서 굉장히 매력적인 맛과 향을 만들기도 한다. 프랑스 론 아르데슈의 '르 마젤' 같은 와이너리가 대표적이다. 르 마젤의 오너인 제랄드 외스트릭은 와인 양조학 교수이며 앤더슨 프레드릭 스틴을 비롯한 수많은 내추럴 와인 명가의 스승이다. 그는 본인이 최첨단 양조학 지식을 가지고 있기 때문에, 자연 발효를 완벽한 조건에서 진행하면서도 섬세하게 볼라틸의 영향이 아르데슈의 더운 테루아를 표현하게 만든다. 프랑스의 론 지역은 매우 덥고, 와인의 알코올 도수가 높게 올라가며 과실 향이 풍부한 대신 산미가 모자랄 때가 많다. 르 마젤의 와인은 섬세한 볼라틸 덕에 오히려 모든 와인이 밸런스가 딱 맞게 된다. 특히 론 지역의 화이트 와인이 이렇게 산미가 멋지기는 쉽지 않다. 또한 볼라틸의 '휘발성' 덕에 허브가 듬뿍 들어간 요리나 깊은 감칠맛이 있는 해산물을 함께 먹을 경우에 바닥에 깔린 향을 코까지 재빠르게 배달해 준다. 이런 멋진 경험은 내추럴 와인이 아니면 얻을 수 없다.

볼라틸Volatile acid. Volatile acidity(볼라틸 애시드, 휘발성 산)은

르 마젤Le Mazel의 와인들

와인병 상단에 있는 붙어 있는 'V' 로고 스티커는 수입사 '뱅베VinV'의 마크로, 기존 와인병 디자인에 포함되어 있는 것은 아니다(뒷 페이지 사진들에도 동일하게 적용).

휘발되는 산이다. 산이 휘발되면 찌르는 듯 날카로운 신 냄새가 난다. 당연히 대부분 와인의 결점이다. 그런데 의외로 많은 내추럴 와인 메이커들은 볼라틸을 아주 섬세하게 사용해서 놀랍도록 맛있는 와인을 만든다. 호비노의 비스트롤로지, 샤흠므, 슈퍼 쥴리엣과 같은 와인들이나 도멘 르 마젤의 레 레슈 블랑 같은 와인들, 제라드 슐러의 알자스 와인을 마셔보고도 이 와인에 결점이 있다고 말할 수 있는 사람은 거의 없을 것이다. 오히려 이 와인들은 볼라틸의 휘발성에 와인의 향들이 얹혀서 와인 속 깊숙한 곳에 묻혀 있던 향기가 폐부 깊숙이 들어오는 놀라운 경험을 한다.

볼라틸은 왜 생기며 어떤 경우에 유쾌하고 어떤 경우에 결점이 될까?

볼라틸은 와인을 테이스팅하는 온도에서 휘발하여 코에서 향으로 산미를 느끼게 하는 산 종류이다. 대체로 코를 찌르는 휘발성 향을 내는 특징이 있다. 식초 향을 내는 초산(Acetic acid), 요거트 향을 내는 젖산(Lactic acid), 코를 찌르는 시큼한 냄새의 포름산(Formic acid), 버터나 묵은 치즈 향을 내는 낙산

(Butyric acid), 톡 쏘는 썩은 향을 내는 프로피온산(Propionic acid) 등이 대표적인 볼라틸이다.

AWRI의 논문에 의하면, 초산은 모든 경우에 볼라틸의 최소 93%를 차지한다. 은은한 식초 향 외에는 딱히 눈에 띄거나 불쾌하지 않지만, 양이 많기 때문에 존재감이 생긴다. 와인에서 초산이 1리터당 0.7g을 넘어가면 은은한 식초 향이 생기기 시작한다. 초산은 알코올의 일부가 식초로 발효되어 생기게 된다. 다만 브렛 효모 같은 효모들이 초산을 다량으로 생성하는 경우 볼라틸과 '브렛' 향이 결합하여 심각한 결점이 될 수 있다. 맥주에서는 혐기 조건에서 브렛 효모가 초산 생성을 줄이며 오히려 열대과일 향을 화려하게 내지만 와인에서는 다른 결과가 나온다.

젖산은 말로락틱 발효에 의해 생겨난다. 부드러운 요거트나 동치미의 산미가 느껴지며 향에서도 산미를 느낄 수 있다. 그 외 산은 와인에서 단독으로 감지될 만큼 다량으로 생기는 경우가 거의 없지만 다른 요소들과 결합하여 볼라틸의 자극적인 나쁜 부분을 강화한다.

그 자체로 휘발성 산은 아니지만 볼라틸에 큰 영향을 주는 또 하나의 요소는 에틸 아세테이트이다. 에틸 아세테이트는 효모가 자연스럽게 배출하는 물질이다. 와인에 리터당 12mg 이상 녹아 있을 경우 50% 이상의 사람들이 감지할 수 있고, 일반적인 와인에는 30~60mg 정도 녹아 있다. 이보다 1.5배가량 높을 경우 독특한 열대 과일 향을 느낄 수 있으며, 1리터당 150~200mg에 이르게 되면 매니큐어 향이 심하게 나면서 와인에 결점이 될 수 있다. 에틸 아세테이트는 열대 과일 향을 내면서 방향성이 매우 높은데, 이 경우에 에틸 아세테이트의 방향성이 다른 휘발성 산의 향을 더 감지하기 쉽게 만들어 볼라틸 뉘앙스가 훨씬 강하게 느껴지게 된다. 휘발성 산의 대부분의 양을 차지하는 것이 초산임에도 볼라틸의 특징적인 향이 매니큐어 향과 하이 톤의 열대 과일 향인 것은 이러한 이유 때문이다.

와인이 더운 테루아에서 고온에서 발효되거나, 발효 초반에 효모가 완벽하게 포도즙을 우점하기 전에 비교적 높은 온도에서 너무 빠른 발효가 일어날 경우에 약간의 초산이 에탄올과 반응하면서 에틸 아세테이트를 대량으로 생성할 수 있다. 이렇게 되면 진한 매니큐어 향과 코가 아리게 찌르는 냄새가 난다.

볼라틸이 유쾌하게 느껴질 때는 에틸 아세테이트가 적어서 너무 코를 찌르지 않고, 초산이나 젖산 외의 불쾌한 향이 강한 종류의 산들이 적으며 와인 자체의 향에서 열대 과일과 달콤한 과일 향이 강해서 무거운 과일 향들을 새콤한 산미가 휘발하며 코에 강하게 전달해 줄 때다.

다음의 조건에선 볼라틸이 불쾌하게 느껴진다.

첫째, 에틸 아세테이트가 너무 많을 때: 매니큐어 향과 석유 향이 너무 강하고 코를 찌르는 자극성이 심해진다.

둘째, 휘발성 산의 총 농도가 너무 높을 때: 와인 식초와 사과 식초의 코를 찌르는 향이 나게 된다.

셋째, 브렛이나 마우스가 볼라틸과 결합했을 때: 불쾌한 향들이 휘발성 산에 의해 코에 더 잘 전달되게 된다. 다만 아주 적은 마우스가 아주 섬세한 볼라틸과 결합할 경우에는 특유의 고소한 향들이 사워도우 빵의 아로마처럼 느껴지게 될 수 있다.

넷째, 나쁜 냄새의 산이 많을 때: 잡균들의 오염으로 인해 포름산, 낙산, 프로피온산 등의 농도가 높아지면 불쾌한 향이 많이 나게 된다.

인간은 참 신기한 동물이어서, 어떤 요소든지 사람이 계산해서 조절할 수 있게 되면 그것이 쾌감으로 느껴질 수 있는 아슬아슬한 줄타기를 할 수 있게 된다. 냄새가 나는 생선을 먹을 사람은 없지만 발효를 컨트롤할 수 있게 되면 아무리 냄새가 나도 아슬아슬한 단계까지 숙성한 젓갈과 홍어를 먹을 수 있게 되는 것과 비슷하다.

와인 양조학 교수인 제랄드 외스트릭의 도멘 르 마젤이나, '내추럴 와인'이라는 용어를 만든 와인 칼럼니스트 출신으로서 와인 양조학의 전문가인 장 피에르 호비노 같은 사람들은 섬세하게 계산된 볼라틸로 우리를 행복하게 한다. 섬세하게 잘 계산된 새콤한 볼라틸의 매력을 경험해 본 사람은 여기서 헤어나올 수가 없다. 다만 그렇게 되려면 와인이 잡균에 오염되거나, 양조에 실패하여 볼라틸이 생긴 것이 아니라 포도 자체의 효모균이 테루아를 표현하는 과정에서 잘 제어된 아주 섬세한 양의 볼라틸이 생겨나는 아슬아슬한 줄타기를 해야 한다.

⁑ 리덕션, 완벽한 와인에서만 느낄 수 있는 독특한 결점

내추럴 와인에만 있는 것은 아니지만 내추럴 와인에서 자주 볼 수 있는 특징이 하나 더 있다. 바로 '리덕션'이다. 내추럴 와인은 병입 시에 이산화황을 소량 사용하는 경우가 일부 있는 것을 제외하면 그 어떤 첨가물도 사용하지 않는다. 그래서 산화에 취약할 수 있는데 완벽을 추구하는 내추럴 와인 메이커는 양조와 병입, 숙성의 모든 과정에서 산소가 닿아 와인이 산화되는 것을 완벽하게 막으려 한다.

리덕션은 와인의 산화가 완전히 차단되고, 와인 속에 폴리페놀과 같은 항산화 물질이 너무나 많아서 산화의 역반응인 '환원' 반응이 일어날 때 등장한다. 리덕션은 매우 좋은 와인에서 살짝 일어났을 때는 참기름이나 갓 볶은 깨 같은 멋진 고소한 향으로 느껴진다. 수많은 부르고뉴의 내추럴 와인과 내추럴 와인을 표방하진 않더라도 내추럴 와인에 가깝게 양조하는 도멘 르루아, 르플레브 같은 최고의 와인들의 대표 향이 이런 깨 볶는 향이다. 특히 섬세한 오크 향과 약간의 리덕션이 함께 느껴지는 때는 소위 말하는 '세계에서 가장 비싼 와인들'의 향과 특징이 잘 나타나기까지 한다. 이렇게 살짝 리덕션이 생겼을 경우 디캔팅을 하거나 병 브리딩을 해서 산소가 닿게 되면 리덕션이 풀리면서 폭발적인 과실 향을 느낄 수 있게 된다. 그래서 혹자는 리덕션을 '최고의 와인의 조건'이라고 하기도 한다.

하지만 이 리덕션도 너무 심하면 썩은 양파 냄새가 난다. 메르캅탄이라는 물질이 생겨났기 때문이다. 충분히 장기 숙성을 하면 리덕션 물질들은 결국 모두 산화되어 사라지고 그만큼 오랜 세월을 견딘 와인은 더욱 맛과 향이 훌륭해진다. 하지만 리덕션이 심한 상태에서 썩은 양파 향까지 생겨버린 와인은 디캔팅을 하고 몇 시간 지나는 정도만으로 원래 상태가 되진 못한다. 아주 좋은 내추럴 와인이라고 들었는데 불쾌한 향을 느꼈다면 이 리덕션이었을 확률이 있다. 냄새가 심하지 않다면 디캔팅을 해보고, 심해서 해결이 되지 않았다면 마실 때가 되지 않은 와인을 추천받았을 수 있다. 그래서 내추럴 와인은 더더욱 믿을 수 있는 곳에서 구입해야 한다.

리덕션에 대해 조금 더 깊게 이야기해 보자. 도멘 르루아나 도멘 르플레브 같은 세계적인 와인에서 느껴지는 고소한 참기름 같은 향기부터 가끔은 삶은 달걀노른자 냄새나 오래된 양파 냄새 같은 와인의 결점까지 다양한 상태로 나타나는 와인의 상태가 있다. 바로 리덕션 혹은 리덕티브 와인이다.

와인의 리덕션에는 세 가지 의미가 있다. 하나는 와인을 끓여 졸여서 만든 소스라는 뜻이고(wine reduction), 다른 하나는 와인이 산화의 역반응인 '환원' 반응으로 인해 일시적으로 나쁜 향이 나는 상태가 되는 것이다(reductive wine). 마지막 하나는 올드 빈티지 와인에서 자연적인 증발로 인한 와인의 감소를 뜻한다(reduced wine). 이 책에서 이야기하려는 내용은 두 번째에 대한 것이지만, 첫 번째나 세 번째의 의미도 많이 쓰이는 내용이기 때문에 영미권에서는 두 번째 내용의 리덕션을 '리덕티브 와인reductive wine'이라고 불러서 혼동을 줄이곤 한다. 이 글에서 앞으로 나올 '리덕션'은 두 번째 뜻이다.

리덕션이 만들어지는 이유는 크게 두 가지가 있다. 하나는 와인 양조 중에 일어나는 것이고, 하나는 병입 후에 일어나는 것이다.

먼저 와인 양조 중에 일어나는 경우는 다음과 같다. 와인이 공기가 통하는 오크 배럴이나 숨 쉬는 암포라(고대 그리스 시절부터 와인 양조에 쓰던 큰 토기 그릇)에서 양조되지 않고 공기가 전혀 통하지 않는 스테인리스 스틸 뱃이나 밀폐 양조통을 사용할 경우에 공기가 부족해 효모가 질소 대사를 하기 힘들어지면서 자연적인 소량의 이산화황(SO_2)을 생성하는 대신 황화수소(H_2S)를 생성하게 된다. 황화수소는 산소와 닿으면 저절로 이산화황과 물로 산화되기 때문에 내추럴 와인 양조 과정에서는 와인을 섞거나 병입할 때 자연스럽게 줄어들거나 사라지게 된다. 컨벤셔널 와인에서는 아예 질소 산화물을 첨가제로 투입해서 효모가 질소 대사를 할 수 있게 하는 등의 방식으로 해결하곤 한다. 황화수소가 있으면 와인의 향미 물질들과 반응해서 메르캅탄을 생성하기도 한다.

병 속에서 리덕션이 생기는 경우는 와인에 항산화 물질이 매우 많은 상태에서 와인이 완벽하게 산소와 차단될 때 산화의 역반응인 환원 반응이 생기면서다. 스크류 캡이나 팩 와인, 캔 와인 등 완벽하게 공기와 차단된 경우에는 리덕션이 생길 가능성이 높아질 수 있다. 내추럴 와인에서는 와인 보호를 위해 첨가물을 넣지 않기 때문에 양조 중에 생긴 탄산가스를 일부러 아주 조금 남겨 병입하는 경우가 많다. 이 탄산가스로 인해 와인이 산소와 완벽하게 차단된다. 내추럴 와인은 자연에서 포도를 건강하고 강하게 키우기 때문에 와인에 항산화 물질 함유량이 컨벤셔널 와인보다 높아 병 속에서 리덕션이 생길 수 있다. 보통 항산화 물질 집중도가 높은 와인은 향과 맛이 진하기 때문에 리덕션은 비싸고 좋은 와인에서 더 잘 생긴다.

리덕션이 생긴 와인은 어떤 특징이 있을까?

리덕션이 생기면 와인에 황화수소가 생긴다. 그리고 이 황화수소가 와인의 향미 물질들과 반응하면 메르캅탄, 이황화물, 다이메틸설파이드가 생겨난다. 황화수소는 삶은 달걀이 오래되었을 때의 노른자 냄새가 난다. 다행히도 이 황화수소는 산소와 빠르게 반응하기 때문에 디캔팅이나 에어레이션으로 금방 날려버릴 수 있다.

메르캅탄은 와인에 고무 냄새, 마늘 냄새와 양파 냄새, 양배추 냄새가 나게 만든다. 메르캅탄은 아쉽지만 금방 산화되지 않는다. 그래서 생기기 전에 제거하는 것이 최선이다. 컨벤셔널 와인에서는 와인에 황산구리를 약간 넣어서 메르캅탄이 금속염을 형성하여 가라앉게 하는 방법으로 제거한다. 내추럴 와인에서 메르캅탄 향이 날 경우에는 깨끗한 구리 조각이나 깨끗하게 소독한 구리 동전을 와인병이나 글라스, 디캔터에 넣고 유리가 깨지지 않도록 조심스럽게 흔들면 구리가 산화 촉매 작용을 해서 금방 냄새를 제거할 수 있다.

메르캅탄이 생긴 다음 빠르게 제거되지 않고 와인에 공기가 들어가거나 산화되면 메르캅탄이 이황화물로 변한다. 그러면 탄 고무, 익힌 양배추, 다진 마늘과 같은 향으로 오히려 악화된다. 따라서 메르캅탄 향이 나는 와인은 디캔팅이나 에어레이션만으로 해결하기 어려우므로 앞서 말한 대로 구리를 이용하는 것이 좋다.

다이메틸설파이드는 어떻게 생겨나는지 아직 과학적인 메커니즘이 규명되지는 않았다. 와인이 오래 숙성되는 과정에서 생성되는데, 특히 고급 레드 와인이 올드 빈티지로 숙성될 때 분명히 익은 와인임에도 깨끗한 블랙커런트 향이나 과일 잼과 같은 농밀한 향기가 느껴진다면 바로 이 다이메틸설파이드 때문에 그런 것이다. 신선한 과일 향을 산화로부터 보호하는 놀라운 능력이 있기 때문이다. 그러나 이 성분이 너무 많을 경우에는 풋내나 아스파라거스, 찐 옥수수, 이끼 같은 향을 내면서 오히려 와인의 향을 가려버린다. 아쉽게도 이 성분 역시 아직 해결책이 나오지 못했다.

요약하면, 와인에서 리덕션이 느껴질 때 오래된 달걀노른자 같은 냄새가 난다면 빠르게 디캔팅을 해서 날려버릴 수 있다. 심지어 이 향은 아주 진해도 빠르게 사라진다. 하지만 양파와 고무 냄새가 난다면 그건 조금 난다고 해도 오래가고 디캔팅만으로 해결하긴 힘들다. 오히려 디캔팅을 하면 더 냄새가 심해질 것이다. 이때는 깨끗하게 소독한 구리 조각을 넣어 디캔팅하는 방법으로 해결할 수 있다. 특히 화이트 와인은 칠링 후에 오픈하니까 온도가 낮아서 산화 속도가 느려진다. 상온에서 테이스팅하는 레드 와인이 더 빠르게 리덕션이 사라지는 편이다.

위에서 언급한 설명만으로는 리덕션이 가끔은 아주 고급 와인에서 매력적으로 느껴질 수 있다는 것이 선뜻 이해하기 힘들 것이다. 오래된 달걀노른자나 양파, 고무 냄새가 어떻게 좋게 느껴질 수 있을까? 여기에 재미있는 점이 있다. 인간은 같은 성분이라도 농도에 따라 완전히 다르게 감지한다. 세계적으로 비싼 향인 용연향(향유고래에서 채취하는 송진 비슷한 향료)이나 사향(사향노루의 사향샘을 건조하여 얻는 향료)을 순도 높게 뿌리면 모든 사람이 누린내와 독한 체취로 느끼기도 한다.

구트 오가우의 메크틸트나 도멘 르루아, 도멘 도브네, 르플레브와 같은 세계적인 화이트 와인에서 느낄 수 있는 고소한 참기름 같은 향이 바로 이러한 리덕션이다. 이 와인들은 장기 숙성 과정에서 메르캅탄이 생겨난다. 그런데 이 와인들은 자연적인 방법으로 만들어져 충분히 공기가 있었음에도 항산화 물질의 집중도가 너무나 높아 극소량의 메르캅탄이 생기는 것이다. 특히 황화수소가 메틸알코올이나 아세트알데히드와 반응해야 메르캅탄이 나오는데 이러한 세계적인 와인들은 양조를 너무나 잘했기 때문에 이렇게 잡다한 성분들이 다른 와인보다 극도로 적고, 따라서 인간이 겨우 감지할 수 있을까 말까 한 극소량의 메르캅탄만이 생기게 된다. 그리고 인간은 메르캅탄 농도가 극도로 적을 때(대략 물 1천~2천 톤에 메르캅탄 1g 한 방울을 넣어 희석한 정도) 이 냄새를 고소한 참기름 향으로 느끼게 된다. 오히려 리덕션이 이 와인들이 얼마나 더 오래 숙성될 수 있는지를 알려주며 동시에 얼마나 완벽하게 양조된 와인인지를 보여주는 셈이다.

와인을 숙성하면 향과 맛이 발전하면서 동시에 와인의 맛과 향을 내는 물질들이 산화되어 사그라든다. 리덕션을 일으키는 항산화 물질들은 와인을 이러한 산화로부터 보호하는 역할도 한다. 그래서 좋은 와인에서 일어나는 리덕션은 오히려 그 와인이 아주 오래 숙성되었을 때 아주 잘 익을 것임을 보여주는 척도이기도 하다.

땅과 효모, 모든 것은 밭에서 이루어진다

우리는 흔히 와인을 '테루아의 술'이라고 말한다. 와인은 포도로 만들고 포도는 그 땅과 기후 그리고 사람의 손길을 그대로 표현하기 때문에 빈티지마다 그 해의 특성을 담고 있고, 지역의 특징과 만든 사람의 특징을 담고 있다는 의미다. 하지만 많은 컨벤셔널 와인은 테루아의 중요한 요소를 놓치곤 한다. 바로 그 지역 고유의 품종과 그 땅에서 수억 년간 그 땅과 함께 자란 효모라는 요소다.

와인 산업이 점점 대형화하면서 대부분의 와인 산지에서는 사람들이 알지 못하는 지역 품종은 버리고 유명한 포도 품종들만을 심게 되었다. 미국에서 가장 오래된 와인 동호회 중 하나이며, 미국에서 가장 큰 와인 동호회의 이름은 ABCAnything But Chardonnay로 '샤르도네만 아니면 돼'라는 뜻이다. 세계의 화이트 와인이 샤르도네 한 품종으로 도배가 되어가는 것을 반대한다는 의미다.

많은 내추럴 와인 생산자들은 와인 전문가마저 평생 한 번도 마셔보지 못한 지역 토착 품종이나 멸종 위기 품종을 복원하여 와인을 만든다. 이들은 "우리 조상들이 바보가 아닌데 왜 수백 년간 이 품종을 이 땅에 심었을까? 이 땅에서는 이 포도로 만든 와인이 가장 맛있고, 이 땅의 음식과 가장 어울리기 때문에 길러온 것이다."라며 소수 품종의 와인을 만드는 이유를 말한다.

2021년 말 안타깝게 우리 곁을 떠나간 프랑스 알프스 산맥 사부아 지역 최고의 와인 메이커이자 내추럴 와인의 선구자, 도멘 벨뤼아호의 도미니크 벨뤼아호Dominique Belluard는 19세기까지도 명성을 떨쳤지만 점점 사라져 멸종 위기라는 이야기까지 들은 지역 토착 품종인 그헝제Gringet 포도를 부활시켰다. 그가 그헝제로 만든 레 잘프(알프스)나 몽 블랑 등의 화이트 와인과 스파클링 와인은 '알프스 산맥의 빙하 같은 와인'이라는 찬사를 들으며 프랑스 최고의 샴페인, 화이트 와인들과 어깨를 나란히 하는 와인이 되었고, 이제는 그를 따라 그렁제 포도를 심는 와인 메이커들이 늘어나면서 다양한 사부아 와인을 즐길 수 있게 되었다. 그렁제의 '빙하수 같은' 깨끗한 산미와 압도적인 미네랄리티는 충분한 숙성을 거쳐야만 섬세함과 부드러움까지 갖출 수 있어서 빠르게 출시해야 상업성이 있는 현대 와인 산업과는 맞지 않았지만 벨뤼아흐의 방식처럼, 효모와 함께 오래 숙성한 화이트 와인과 샴페인처럼 오래 숙성한 스파클링 와인에서는 이런 포도가 사라졌다면 우리 모두 땅을 치고 후회했을 엄청난 맛과 향을 보여준다.

이런 토착 품종들이 점점 사라지는 것은 컨벤셔널 와인에서 생산량을 늘리기 위해 각 품종에 딱 맞는 배양 효모를 쓰기 때문이다. 내추럴 와인이 보통은 225리터의 오크통이나 토기 등을 사용해 양조하고, 커봐야 2천~3천 리터짜리 양조통을 쓰는 데 반해 상업적인 대량 생산 와인은 한 번에 수십만 리터의 와인을 양조한다. 그러면 효모는 이 엄청난 양의 와인을 발효하면

도멘 벨뤼아흐Domaine Belluard의 와인들

서 엄청난 열을 내뿜는다. 그래서 양조통 내에 와인이 익지 않도록 온도 조절 장치를 단다. 그럼에도 불구하고 내추럴 와인에 비해 꽤 높은 온도에서 발효가 이루어진다. 그러면 포도에 있는 온갖 잡균들이 와인에 나쁜 영향을 줄 수 있기 때문에, 컨벤셔널 와인에서는 포도를 수확하면 먼저 이산화황으로 포도를 모두 살균하고, 청징제를 넣어 과즙에서 포도 과즙 이외의 모든 것을 제거한다. 이 과정에서 천연 효모가 모두 죽을 뿐 아니라 효모가 자라나는데 필수적인 영양소마저 과즙에서 사라지게 된다. 그래서 공장에서 배양한 단일 효모를 넣고, 이 효모가 잘 자랄 수 있도록 효모 영양제를 투여한다.

공장에서 배양한 효모는 각 포도 품종에 맞게 해당 지역의 우수한 밭에서 채취한 효모를 정제하여 단일한 종을 배양해 낸 것이다. 그러다 보니 이탈리아 키안티Chianti 지역의 산지오베제Sangiovese를 위해서는 키안티 지역의 산지오베제에서 추출한 효모를 배양해서 쓰는 식으로 각 와인에 맞는 배양 효모를 만들게 된다. 산미 높고 섬세하며 우아한 것으로 유명한 키안티를 위해 산미 낮고 묵직하며 거친 뉘앙스의 발효를 하는 다른 지역의 효모를 배양할 수는 없기 때문이다. 이 과정에서 생산량이 적은 지역의 토착 품종들을 위한 효모는 경제성이 맞지 않으니 따로 배양할 수 없다. 그러니 컨벤셔널 와인을 만드는 방식으로는 각 지역의 토착 품종 와인은 어울리지도 않는 남의 효모를 써서 어울리지 않는 발효를 거친 와인이 탄생하기 십상이다.

바르셀로나를 주도로 하는 스페인 최북동부의 카탈루냐 지역은 고대 로마 시대부터 품질 좋은 와인으로 유명한 곳이었다. 하지만 지역의 수많은 토착 품종은 카탈루냐 사투리 발음의 포도이기 때문에 일반적인 스페인 사람들에게조차 익숙하지 않은 이름 탓에 현대 와인 산업에서 무시되고 잊혀왔다. 이 지역의 파르티다 크레우스는 이런 점에서 정말로 멋진 와이너리이다. 오랫동안 잊힌 탓에 자연스럽게 수십 년간 자연과 하나가 되어버린 토착 품종의 밭을 찾아다니며 사들여서 자연 효모로 지역의 옛날 방식 그대로 와인을 만든다. 그리고 어려운 품종 이름 대신 카탈루냐 사투리 품종 이름의 알파벳 둘을 따서 와인 이름을 짓고, 와인 레이블도 딱 그렇게 붙인다. 적포도 와인에는 빨간 글씨, 청포도 와인에는 흰 레이블에 검은 글씨로 말이다. 이렇게 심플하게 만들어진 맛있는 와인은 세계 최고의 내추럴 와인 바인 바르셀로나의 '바 브루탈'에서도 가장 인기 높은 와인 중 하나이다.

내추럴 와인은 상업적으로 성공하기 어렵다. 자연 효모를 사용해서는 와인을 대량으로 만들기가 불가능에 가깝기 때문이다. 게다가 더 좋은 와인을 만들기 위해서는 아주 오랫동안 포도밭 전체를 전통주의 누룩방처럼 관리해야 한다. 효모는 겨울에 밭의 흙 속에서 잠을 잔다. 그리고 봄과 여름에 포도나무 가지와 줄기에서 자라고, 가을에는 포도 껍질에서 번성한다. 포도를 따서 와인을 만들고 나면 남은 포도 껍질과 발효 잔여물은 퇴비와 함께 발효하여 땅에 묻고 이 과정에서 효모들은 한 사이클을 다시 흙에서 잠들게 된다. 그래서 중간에 농약을 써서 섬세한 효모들을 잃거나 토양을 산성화시키는 비료를 사용하면 수년~수십 년간 가꿔온 효모들을 잃고 공기 중의 효모가 다시 안착해서 안정화되는 과정을 거치게 된다. 훌륭한 와인을 만드는 내추럴 와인 메이커들이 "모든 것은 밭에서 이루어진다."며 밭을 소중하게 관리하는 이유가 여기에 있다.

파르티다 크레우스 비비Partida Creus BB

위: 파르티다 크레우스 브이엔 블랑코Partida Creus VN Blanco
아래: 파르티다 크레우스 브이엔Partida Creus VN

자연 친화적으로 관리되는
제롬 소리니Jerome Saurigny의 포도밭

2018
13.5%

한눈에 보는 와인의 역사

〚 2 〛

내추럴 와인을 이야기하기 위해서는 간략하게라도 와인의 역사를 짚어볼 필요가 있다. 왜냐하면 내추럴 와인의 가장 멋진 점은 대량 생산이 불가능해 상업적인 성공을 이루지 못하면서 사라져버린 옛 와인들을 현대적으로 멋지게 복원해 냈다는 점이기 때문이다.

모든 주류 산업에서 사라진 옛 명주들을 현대적으로 복원하며 옛 방식에 현대적인 요소를 더해 만들어낸 또 다른 새로운 술들이 인기를 얻고 있다. 크래프트 비어, 독립 증류소의 위스키, 전통 누룩을 쓴 전통주, 효모가 살아 있는 나마자케生酒 계열의 사케, 옛 누룩을 복원하여 빚고 전통 방식으로 증류한 중국

백주처럼 말이다.

대량 생산 및 유통되는 현대 술들이 가치가 없는 것이 아니다. 그런 술들이 없다면 우리가 매일 즐기는 소주, 대량 생산 라거 병맥주나 캔맥주, 데일리 와인 같은 술들은 모두 사라지고 말 것이다. 게다가 대량 생산되었다고 해서 정성이 없거나 제대로 만들지 않은 것도 아니다. 하지만 와인 애호가들에게 와인의 가장 큰 매력은 역시 다양성이다. 각 지역의 테루아, 다양한 품종의 포도, 다양한 사람들이 만들어나가는 다양한 맛과 향을 즐기는 것이 와인의 가장 큰 기쁨이다. 심지어 같은 와이너리의 같은 와인이라도 매년 빈티지 특성에 따라 맛과 향이 바뀌고 또 같이 먹는 음식에 따라 조합이 무궁무진한 것이 와인의 매력이다. 그러니 사라져버린 옛 와인들, 잊혀가는 각 지역의 토착 품종을 찾아 지금 우리에게 전해주는 내추럴 와인은 얼마나 더 매력적인가?

최초의 와인이 현대까지, 조지아의 크베브리

최초의 와인은 인류 역사보다 더 오래되었다. 자연 상태에서 사는 원숭이나 코끼리 등 지능 높은 동물들은 나무 옹이에 과일을 모아놓거나 땅에 떨어진 과일을 모아 자연적으로 발효되어 생긴 과일 술을 씹어 먹으며 그 맛과 향을 즐기곤 한다. 인간이 인간으로 분화되기 전의 원시적인 원숭이 때부터 우리는 발효된 과일을 먹어왔고 그 때문에 인간은 동물 중에서도 몸 크기에 비해 큰 간과 강력한 알코올 분해 효소를 가지고 진화하게 되었다. 즉 자연적으로 발효되어 술이 된 과일은 인류가 인간이기 전부터 인류의 주식 중 하나였고 인간은 기본적으로 술을 좋아하게 진화한 동물인 것이다. 인류가 발효된 과일을 채집하여 먹는 것에서 발전하여 술을 만들어 마셨다는 사실은 대략 신석기 시대로 유추한다. 이때의 유물이 이를 증명한다. 당시의 와인은 포도를 보관하기 위해 항아리에 담고 땅에 묻어두는 과정에서 어느 정도 발효가 진행된 것을 마시는 정도에 지나지 않았다.

와인을 만드는 데 쓰는 거의 모든 포도 품종은 비티스 비니페라Vitis vinifera종의 야생 포도로, 이 포도를 각 지역에서 재배하며 개량한 품종들이다. 비티스 비니페라는 북으로는 조지아, 남으로는 터키와 이란까지의 중동과 발칸 반도, 동유럽에서 자생하는 야생 포도였다. 이후 이 포도는 소아시아를 통해 고대 그리스로 전해졌고 남쪽으로는 북아프리카 전체까지, 동쪽으로는 중국 시안까지 전해졌다. 하지만 재미있게도, 고대 그리스로 전해진 양조용 포도는 로마 제국을 거쳐 유럽 전체로 퍼져 나갔지만 원산지인 중동에서부터 북아프리카까지는 나중에 음주를 금지하는 이슬람교가 퍼져 나가면서 식용 포도와 건포도 품종만을 남기고 와인 양조용 포도들이 사라지게 되었다. 그래서 우리가 인류 최초의 양조용 와인 품종이나 진짜 인류 최초의 와인들을 만날 수 없게 된 것은 꽤나 아쉽다.

조지아에서는 '크베브리Qvevri'라는, 사람이 들어갈 수 있을 만큼 큰 토기 항아리에 포도를 송이째 넣고 오랫동안 숙성시켜 먹는 전통이 옛날부터 현대까지 전해 내려왔다. 우리나라에서 장을 담그거나 김치를 담가 항아리에 보관했듯, 조지아에서는 포도를 큰 항아리에 넣고 땅에 묻어 보관했다. 항아리 속의 포도가 천천히 발효되며 포도 껍질과 씨, 줄기에서 나온 떫은 탄닌이 모두 숙성되어 부드러워질 때까지 묻어두고 오래된 통에서 아주 잘 익은 와인을 꺼내 마시는 방식으로 포도를 장기 보관하며 술을 식량이자 음료로서 먹었다. 이 크베브리는 우리나라의 옹기나 전통 항아리처럼 미세하게 숨을 쉬는 토기로 섬세한 산화 뉘앙스를 와인에 주는 동시에 점토 항아리 전체에서 재료로 쓴 흙에 따라 와인이 서로 다른 멋진 미네랄리티를 갖게 했다. 그리고 내추럴 와인 생산자들은 이런 크베브리 발효·숙성 와인을 현대에 멋지게 복원했다.

내추럴 와인 업계에서 복원한 크베브리 발효법은 이후에 조지아 등의 동유럽 국가들이 공산주의에서 벗어나면서 획기적인 발전을 이룬다. 상호 교류가 적어 서구의 와인 애호가들은 잘 몰랐지만 조지아와 몰도바, 슬로베니아와 같은 동유럽 국가에서는 수백 년 된 크베브리와 암포라Amphora[*]를 사용하면서 계속 와인을 만들어왔던 것이다. 이에 유럽에서 복원한 새로운 크베브리 양조법과 동유럽의 전통적인 양조법이 교류하면서 다양한 스타일과 양조법이 생기며 크베브리·암포라 양조법은 오크통 숙성과는 또 다른 확고한 스타일로 자리 잡았다. 이 방식이 어찌나 인상 깊은지 요즘에는 최고급 컨벤셔널 와인 양조에서도 내추럴 와인의 크베브리·암포라 양조법을 배워 가는 경우가 많을 정도이다.

성경에 '새 술은 새 부대에'라는 내용이 있다. 이스라엘의 유목민들은 양과 염소를 끌고 초원을 돌아다녀야 했기 때문에 농경민들처럼 토기에 와인을 발효할 수 없었다. 양과 염소가 풀을 뜯고 나면 그곳을 떠나 풀이 다시 돋을 때까지 다른 곳을 찾아 계속 이동해야 하기 때문에 땅속에 와인을 묻어둘 수 없었다. 그래서 이들은 양이나 염소를 잡아먹은 뒤 그 가죽을 물이 새지 않을 정도로 촘촘하게 꿰매어 여기에 포도를 넣고 밀봉했

[*] 암포라: 고대 그리스의 토기류의 하나. 목 부분이 몸체에 비해 좁고 양쪽에 손잡이가 달린 항아리 모양 토기이다.

다. 공기가 많이 들어가면 무더운 사막과 초원에서 초산균이 번식해서 와인이 식초가 되어버리기 때문이다. 이렇게 밀봉한 가죽 부대는 와인이 발효되면서 생겨난 탄산가스로 빵빵하게 부풀게 되는데, 오래 두면 바느질한 구멍 사이로 천천히 탄산가스가 빠져나가고 발효가 마무리되면 와인을 마실 수 있게 되었다. 그런데 몇 번 사용해서 가죽이 굳고 탄력이 떨어진 부대에 포도를 담으면 가죽 부대가 탄산가스의 압력을 버티지 못하고 터져버려서 와인을 담을 용도로는 새 가죽 부대를 써야만 했던 것이 이 성경 내용의 유래이다.

현재 내추럴 와인 메이커 중에 이런 가죽 부대 발효 방식을 쓰는 곳은 없다. 양이나 염소 한 마리를 잡아 한 번 쓸 수 있는 이 가죽 부대 하나에 넣을 수 있는 와인의 양은 많아야 60병 수준인데 양이나 염소 한 마리의 가죽 가격을 와인 60병 가격에 넣으면 값이 엄청나게 높아지는 것이 첫 번째 이유이다. 두 번째 이유는 그렇게 만든 와인의 품질이 다른 양조통에 비해 좋아지는 것이 아니다. 양과 염소의 가죽 향이 녹아든 쿰쿰하고 피 같은 선지 향이 느껴지는 와인이 될 것이기 때문이다. 하지만 이 와인의 중요한 특성은 현재 내추럴 와인에서도 꽤나 인기 있는 장르로 편입되었다. 바로 피지fizzy한(거품이 있는) 와인들이다. 가죽 부대에서 발효한 와인은 빵빵하게 부푼 탄산이 빠져나가더라도 와인 속에 아주 살짝 탄산이 남아 있게 된다. 그러면 산소가 닿는 것을 막아 탄산가스가 스파클링 와인 같은 느낌은 아니더라도 와인을 오래 보관할 수 있게 되며 레드 와인이든 화이트 와인이든 더 청량한 느낌으로 목 넘김 좋게 마실 수 있게 된다. 그래서 보존제를 넣지 않고도 산화에 더 강하고 목 넘김이 좋은 와인을 만들기 위해 많은 내추럴 와인 메이커들이 양조 중에 자연스럽게 생긴 탄산가스를 살짝 남겨서 병입한다. 이런 와인을 피지하다고 하고, '자글자글하게 느껴지는 탄산'의 과즙미 넘치는 와인들은 바로 그 옛날 유목민이 마시던 와인의 개성이 지금도 영향을 미치는 것이다.

옛날 와인은 레드든 화이트든 포도 껍질까지 넣고 발효하여 숙성한 뒤 거르는 방식이었다. 그래서 화이트 와인이라도 지금의 화이트 와인처럼 맑고 가볍고 상큼하지 않았다. 오히려 포도 껍질의 색과 탄닌이 녹아들어 진하고 묵직했다. 이런 와인은 오랫동안 와인 역사에서 잊히고 말았다. 더 빨리, 더 많이 생산하

위: 장 클로드 라팔뤼Jean-Claude Lapalu의 보졸레 누보 와인
아래: 그라브너Gravner의 오렌지 와인들

위: 라디콘Radikon의 와인들

아래: 땅속에 묻으면 자연스럽게 온도가 조절되며 발효와 숙성이 진행되는 토기 양조통, 암포라Amphora

는 데에는 유리하지 않은 방식이었기 때문이다. 하지만 조지아를 비롯한 동유럽의 많은 생산자들이 이런 전통적인 양조법을 현재까지 지켜왔다. 이탈리아 프리울리의 슬로베니아계 이민자였던 조슈코 그라브너와 스탠코 라디콘은 거의 비슷한 시기에 와인의 원형을 탐구했고 조지아의 암포라를 들여와 가장 고전적인 와인 양조법과 가장 현대적이고 과학적인 와인 양조법을 결합시키되 완벽하게 원형의, 자연 그대로의 포도를 쓰고 인위적인 개입을 모두 제거했다. 그리고 이렇게 탄생한 그들의 와인을 우리는 '오렌지 와인', '앰버 와인'이라 부르며 가장 고전적이되 가장 현대적인 와인으로 칭송하게 되었다.

중세 시대에는 아쉽게도 술을 금지한 종교인 이슬람교가 중동 지역과 아프리카 북부를 장악하면서 와인의 원산지 대부분이 와인 양조를 중지하고 건포도와 생과일 포도를 생산하게 되었다. 하지만 반대로 유럽에서는 로마 제국이 망한 뒤에도 유럽 전역에 기독교가 퍼지면서 미사주로 쓸 와인을 생산하기 위해 전 유럽의 수도원에서 와인을 생산하였다.

재미있게도 유럽 수도원의 성직자들은 노동을 신성시하고,

농사와 와인 양조를 '신이 창조한 자연의 이야기를 듣고 사람의 손으로 신을 경배하는 행위'라고 생각했다. 그래서 미사주로 쓰일 와인을 가능한 한 최고의 품질로 만들고 각 지역의 '테루아'를 잘 표현하게 하는 것에 집중했다. 특히 미사에 쓰이는 포도주를 최대한 훌륭하게 만들어 봉헌하는 것에 의미를 두는 수도사들이 많아지면서 양조용 포도 품종을 각 지역에 맞게 선별하고 포도 재배 방법과 양조 방법을 지역마다 더 맞춤형으로 발달시키는 노력이 더해졌다. 게다가 많은 수도사들이 유럽 전역을 돌아다니면서 다른 나라, 다른 지역에서 개발된 포도 재배법과 양조법이 다른 곳에서도 적용되는지를 지속적으로 비교하고 실험할 수 있었다. 덕분에 유럽에서는 이탈리아 한 나라에서만 현재 분류된 것만 쳐도 최소 5천 종 이상의 와인용 토착 품종이 자라나게 되었다. 또한 대항해 시대에 유럽 정복자들이 침략한 소위 '신대륙'에도 미사용 와인을 만들기 위한 포도를 심으면서 와인 포도 품종이 세계로 뻗어 나가게 되었다.

내추럴 와인 생산자들은 여기에 집중해서 각 지역에서 지역의 토착 품종으로 훌륭한 와인을 만들어왔다. 프랑스 부르고뉴의 루이 앙투안 루이 같은 생산자는 일부러 칠레의 고산 지역에 들어가 스페인 정복자들이 처음 심은 뒤 야생화된 수백 년 된 포도나무 덩굴을 사들여 내추럴 와인을 만든다. 그 또한 진정한 칠레의 테루아의 표현이라는 것이다. 우리가 알고 있는 칠레 와인과는 완전히 다른 멋진 와인들이다!

고르다 블랑카Gorda Blanca

과학적 양조의 시작, 루이 파스퇴르

우리가 우유 브랜드 이름으로 알고 있는 파스퇴르는 1822년 태어난 프랑스 쥐라Jura 출신의 과학자이다. 루이 파스퇴르는 쥐라 지역의 와인이 신맛으로 변하는 것의 원인을 분석하다가 와인에 세균이 들어가서 초산 발효가 일어나면 와인이 식초로 변하며 신맛이 난다는 것을 발견했다. 이후 맥주를 현미경으로 분석하면서 효모가 당을 알코올로 분해하는 양조의 화학적 과정을 밝혀낸 논문을 출간하며 효모가 발효를 하고, 효모 외의 세균이 술을 신맛이 나게 한다는 것을 입증했다. 그리고 살균을 통해 술이 신맛이 나거나 변질되지 않게 하는 방법을 만들었다. 이를 통해 살균 병입한 변질되지 않는 와인이 유통될 수 있게 했다. 하지만 파스퇴르가 발견한 살균 방식은 와인을 한 번 끓여서 살균한 뒤 공기를 차단하고 병입하는 방식이어서 와인의 맛과 향이 크게 떨어지기 때문에 지금은 아주 저가의 벌크 와인을 생산할 때 외에는 쓰지 않는다. 하지만 이후 비교적 저온에서 세균만 살균할 수 있는 살균법이 개발되어 '파스퇴르식 살균법'이라는 이름이 붙었고 현재는 우유 살균을 이런 식으로 하게 되었다. 와인에서는 파스퇴르식 살균법을 거의 쓰지 않지만 그가 발견한 효모와, 세균의 존재와 발효 과정의 입증은 이후 과학적 와인 양조 시대를 낳게 한 중요한 성과였다.

파스퇴르의 다음 세대에 내추럴 와인과 컨벤셔널 와인 모두의 시초가 된 와인 영웅은 바로 쥘 쇼베Jules Chauvet이다. 쥘 쇼베는 1907년 태어나 1989년 사망한 당대의 저명한 생물학자이자 화학자이자 와인 애호가이자 와인 생산자였다. 그는 리옹의 대학 화학연구소에서 효모를 주로 연구하였고, 와인 양조를 과학적으로 분석했다. 그는 파스퇴르가 개발한 고온으로 와인을 살균하여 와인을 오래 보관할 수 있게 하는 방식보다 더 좋은, 이산화황을 써서 와인을 보존하는 방법을 완성한 동시에 지금 내추럴 와인의 대부분의 양조법을 개발하여 완벽한 조건에서 자란 포도로 자연적인 발효를 통해 안정적인 와인을 만드는 방법까지도 개발했다. 그는 당시 프랑스 최고의 와인 테이스터였다. 현재까지도 와인 품질을 평가할 때 쓰는 INAO 글라스가 바로 그의 발명품이며, 현대적인 와인 테이스팅법의 대부분도 그가 개발한 것이다. 쥘 쇼베는 이산화황을 전혀 쓰지 않는, 지금의 내추럴 와인 방식으로 보졸레 지역에서 당시 프랑스 최고의 와인을 양조했다. 프랑스 초대 대통령인 샤를 드 골은 쥘 쇼베의 와인을 프랑스 최고의 와인으로 극찬하며 가장 즐겨 마셨다.

많은 사람들이 내추럴 와인을 과학적 양조법을 거부한 구시대적 와인 양조 방식이 아닐까 의심한다. 하지만 그렇지 않다. 내추럴 와인의 아버지, 쥘 쇼베는 현대 과학적 와인 양조법의 개발자이며, 오히려 그렇기에 대량 생산 와인과는 다른 가장 과학적이고 합리적인 최고의 와인을 양조하기 위해서 포도의 품질과 건강한 효모에 집중했다.

쥘 쇼베의 제자가 바로 쥐라 지역 '내추럴 와인의 신'이라 불리는 피에르 오베르누아와 보졸레 지역 '내추럴 와인의 왕' 마르셀 라피에르이다. 샴페인 생산 지역 최초로 자연주의 농법과 내추럴 와인 양조 방식을 받아들인 샴페인의 명가 휘패흐 르후아Ruppert-Leroy(또는 루페르트 르로이)의 제랄드 휘패흐 르후아Gerald Ruppert-Leroy도 바로 쥘 쇼베의 제자이다.

내추럴 와인은 물론이고 내추럴 와인에 가까운 컨벤셔널 와인도 생산하는 부르고뉴 최고의 와인 메이커 중 하나인 도멘 트라페도 쥘 쇼베의 제자이다. 트라페는 19세기 말 아메리카에서 유럽으로 건너온 필록세라 해충으로 인해 부르고뉴의 모든 피노 누아 묘목이 멸종에 가까운 피해를 입었을 때 당시로서는 금지되었던 미국 품종과의 접붙이기를 통해 각 지역의 부르고뉴 묘목들을 몰래 보호한 곳이다. 필록세라의 광풍이 끝난 후 트라페는 기꺼이 자신이 보호한 진짜 부르고뉴 묘목을 나눠 주었고 그렇게 부르고뉴는 피해를 복구할 수 있었다. 트라페가 없었다면 도멘 로마네 콩티나 르루아도, 지금의 세계 최고 와인 산지인 부르고뉴 AOC는 전부 사라졌을 것이며 각 테루아마다의 특징이 수백 년간 쌓인 부르고뉴 각 마을의 피노 누아 클론들은 사라지고 다양성이 줄어들었을 것이다. 그 트라페 가문의 사람들은 1970년대 쥘 쇼베를 만난 뒤 그의 와인은 일부는 완전한

막셀 라피에흐Marcel Lapiere의 와인들

2019
Morgon
M.&C. Lapierre à Villié-Morgon (Rhône)
2019
Roche du Py
Morgon
CAMILLE
M. et C. Lapierre à Villié-Morgon

내추럴로, 일부는 거의 내추럴에 가까운 컨벤셔널 와인으로 양조된다. 특히 딸은 알자스에서 '도멘 트라페 아 리크비르'를 세워 또 멋진 와인들을 만든다. 이들은 살짝 유연한 사람들이다. 가장 건강한 포도로는 내추럴 방식으로 양조하고, 그렇지 않은 포도들로는 컨벤셔널 방식으로 양조한다. 이 부녀의 와인에 대한 멋진 태도는 "아픈 포도에 약을 주지 않을 수는 없죠. 반대로 건강한 포도에 약을 쓸 필요도 없고요."라는 말에 모두 담겼다.

쥘 쇼베 이후 니콜라 졸리는 비오디나미 농법을 깊게 연구했다. 니콜라 졸리는 미국 컬럼비아 대학교 MBA를 졸업한 은행의 증권맨이었다. 화학 분야의 선도 회사들을 분석하고 주가를 예측하는 데 골몰하던 그는 평생 숫자와 화학물, 기업만 보고 사는 것이 너무 끔찍하다는 생각이 들었다. 그래서 어느 날 모든 것을 때려치우고 고향인 프랑스 루아르로 돌아가 와인 메이커가 되었다. 그의 아내가 "잘 때는 은행원의 아내였는데 깨보니 농부의 아내가 되었다."고 농담할 만큼 급박하게 모든 것이 바뀌었다. 처음에는 와인을 만들 생각도 없었지만 쥘 쇼베의 이야기를 듣고 루돌프 슈타이너가 제창한 '비오디나미' 개념을 접한

도멘 트라페Domaine Trapet의 내추럴 와인들

그는 루돌프의 책을 읽고 비오디나미 포도 재배를 완성하는 위대한 와인 메이커가 되었다.

이지적인 성격의 그는 첨단 와인 양조법도 독학했고, 미국에서 화학 분야 기업들을 연구하며 과학적 사고를 했다. 그래서 사실 비오디나미 농법에 녹아 있는 과학적이지 못한 중세 농업적 미신의 요소들도 잘 알고 있었다. 예로부터 쓰이던 절기, 각 '행성의 날'을 따르는 것들 같은 것은 검증되지 않은 요소이지만 그는 이것까지 순수하게 받아들였다. 실제로 그 방식을 따라 와인을 생산했을 때 최고의 와인이 나오고 있으니 여기서 실제로 과학적으로 와인의 품질에 영향을 끼치는 요소와 미신적 요소를 구분하고 분석하는 것은 후대의 일로 남겨둔 것이다.

그는 비오디나미 농법을 통해 흙과 자연, 지역의 잡초와 자연 허브들을 보호한다. 그리고 와인 애호가들이 쓰는 '테루아' 개념을 심도 있게 확장하여 '진정한 테루아 와인'이라 불리는 놀라운 와인들을 생산한다. 특히 그의 최고위 슈냉 블랑 와인인 쿨레 드 세랑Coulee de Serrant은 프랑스 최고의 화이트 와인 중 하나로 꼽힐 정도이다.

과거의 와인 양조는 과학적이지 못했고 언제나 술이 신맛으로 변하거나 망칠 위험이 있는 무서운 일이었다. 그렇기에 가장 과학적인 방법으로 이러한 위험을 제거하고 안정적으로 와인의 대량 생산이 가능하도록 기술이 발전하면서 컨벤셔널 와인의 시대가 왔다. 하지만 반대로, 컨벤셔널 와인의 과학적 토대를 만든 사람들은 결국 가장 좋은 와인은 내추럴 와인 방식으로 만들어진다는 것을 강조했다. 건강한 밭에서, 가장 건강한 포도로, 포도와 함께 자란 효모로 발효한 와인만큼 테루아를 완벽하게 표현할 수 있는 와인은 없다는 것이다. 실비 오쥬흐, 마르셀 라피에르, 앙셀므 셀로스 세 사람이 내추럴와인협회(AVN, Association des Vins Naturels)를 만들며 앙셀므 셀로스가 초대 회장을 맡은 뒤 셀로스의 샴페인이 세계 최고의 샴페인이라는 평가를 받게 되면서 내추럴 와인의 명성은 또다시 높아졌다.

샴페인이 '샴페인'이라고 불리기 위해서는 와인을 만든 뒤 2차 발효 때에 추가적인 당분과 정제 효모를 넣어야만 한다. 그래서 1차 와인을 아무리 완벽한 내추럴 와인으로 만들었다 하더라도 샴페인 지역의 규정을 따르면 내추럴 와인의 정의 중 당분과 정제 효모를 사용하지 않는 규정을 어길 수밖에 없다. 이

부분 때문에 내추럴와인협회나 셀로스를 비판하는 사람들이 늘어나자 앙셀므 셀로스는 내추럴와인협회의 회장직을 내려놓는다. 그리고 이후로 '공식적'으로 내추럴 와인이나 비오디나미, 유기농 이야기를 전혀 하지 않게 되었다. 하지만 내추럴 와인을 사랑하는 사람들은 모두 알고 있다. 셀로스와 그의 샴페인은 내추럴 와인의 초창기부터 함께했고 같은 뜻으로 만들어졌다는 점을 말이다.

자크 셀로스Jacques Selosse의 오너
앙셀므 셀로스Anselme Selosse

현대에 들어 내추럴 와인 역사는 매우 빠르게 변화했다. 제2차 세계 대전이 끝난 1950년경부터 전 세계는 더 많은 식량, 더 많은 와인을 필요로 했다. 그래서 척박한 땅에서 비료와 농약 없이 포도를 생산하던 와이너리들은 화학 비료와 농약을 쓰게 되었다. 당시 독한 농약과 비료를 직접 희석해 쓰느라 건강을 잃어가는 농부를 본 사람들이 1970년대부터 자연주의 농법에 집중하게 되었다. 동시에 세계 와인 산업이 급성장하면서 그 수요를 맞추기 위해 와이너리들은 점점 대기업화하였고 대량 생산에 방해되는 요소들은 하나하나 사라지기 시작했다. 이에 반대하여 대량 생산에 불리한 품종과 양조법을 그대로 지키고 소량 생산으로 와인의 다양성을 지켜 온 사람들이 초반의 내추럴 와인 메이커들이다.

1970년대, 컨벤셔널 와인과 내추럴 와인의 분화

2차 세계 대전이 끝난 후, 늦게 잡아도 1970년 이후 전 세계의 경제가 팽창하고 세계적인 전쟁의 피해가 복구되었으며 많은 사람들이 맛있는 음식과 와인을 즐기게 되면서 그리고 전 세계의 인구가 엄청난 속도로 늘어나면서 전 세계의 농업은 생산량에 중점을 두게 되었다. 주문량을 맞출 수 없는 것은 상업적 가치가 없는 것이 되었다. 무엇보다 큰 변화는 '양조용 효모'의 사용이었다.

1970년대 쥐라 지역에 처음 농약과 비료 판매 사원이 방문했다. 그리고 농약을 뿌리는 것만으로 해충이 죽고, 비료를 쓰면 포도나무들이 엄청난 속도로 자라며 많은 열매를 맺는다는 설명에 대부분의 와인 메이커들이 비료와 농약을 사 들고 갔다고 한다. 하지만 피에르 오베르누아는 “이 세상에 공짜는 없다. 일은 줄고 생산량이 늘어나는데 더 좋은 품질의 포도를 수확할 수 없다.”라며 그날 이후로 더 자연적인 포도 재배와 와인 양조에 힘썼다.

1970년대 이후 모든 종류의 술의 생산량은 눈에 띄게 증가하기 시작했다. 내추럴 와인 생산 방식으로는 1헥타르(1만 제곱미터 정도 되는 넓이로 보통 와이너리의 최소 면적)당 연간 생산량 5~40헥토리터(와인병 수로 670~5천 병) 정도의 와인이 생산될 수 있다. 이것도 포도 재배 기술이 좋아지면서 옛날보다 많이 증가한 수치이다. 일부 생산자들은 이 이상을 생산하기도 하지만 그것은 매우 특수한 경우이다.

컨벤셔널 와인의 생산량은 어떨까? 매우 건조한 기후인 호주도 1헥타르당 평균 와인 생산량은 300헥토리터이다. 약 4만 병이다. 이는 내추럴 와인의 생산량보다 최소 8배~최대 60배 많다. 그래서 컨벤셔널 와인이 없다면 전 세계 와인 시장이란 존재하기 힘들다. 전 세계 포도밭이 모두 내추럴 와인을 생산한다면 세계 와인 생산량은 수십 분의 일로 줄어들 것이다. 그렇다면 와인을 마실 수 있는 사람은 극소수에 불과할 것이다. 컨벤셔널 와인의 생산 방식은 전 세계 대중이 와인을 즐길 수 있게 했다. 이 과정에서 수많은 대형 회사와 소수의 유럽과 미국 등의 재벌가들이 소유하거나 투자한 와이너리들만이 살아남으면서 사람들이 잘 몰라서 잘 찾지 않는 세계 각 지역의 토착 품종들이나, 대량 생산 기법에 맞지 않아 맛과 향, 스타일이 좋거나 독특한 매력이 있는데도 사라져버리는 와인들이 생겨나게 되었다.

상파뉴 지역에서 최초의 자연주의 샴페인을 생산한 사람 중 하나이며, 쥘 쇼베와 피에르 오베르누아의 제자로 이름 높은 도멘 휘패흐 르후아의 제랄드 휘패흐 르후아는 1970년대 이후 전 세계의 경제가 발전하면서 세계인들이 더 많은 샴페인을 원하게 되고, 샴페인의 생산량이 폭발적으로 늘어난 때를 추억한다.

1950년대 상파뉴 지역의 샴페인 밭은 11,409헥타르였다. 하지만 1980년에는 24,964헥타르, 현재는 약 3만 3천 헥타르로 늘어났다(2021년 7월 5일 출간된 Eloise Trenda 참조). 1950년대 상파뉴 지역의 전체 샴페인 생산량은 4천만 병에 못 미쳤다.

1980년에는 2억 병에 살짝 못 미치는 5배의 생산 성장이 이뤄졌다. 그리고 지금은 3억 4천만 병이 매년 생산되는데도 세계적으로 샴페인은 늘 부족하다. 현재 상파뉴 지역은 샴페인의 품질을 지키기 위해 단위 면적당 생산량을 엄격하게 규제하고 있다. 그럼에도 불구하고 밭 넓이가 3배 늘어나는 동안 생산량은 9배 가까이 증가했다. 이게 다 비료와 농약 덕분이다.

하지만 휘패흐 르후아는, 1970년대 당시 사람들이 생산량을 늘리기 위해 과도하게 농약과 비료를 살포하다가 땅이 망가지고, 망가진 땅에서 매년 수확하기 위해 더 많은 비료와 제초제를 쓰고, 농축된 제초제와 농약을 희석해서 뿌리는 과정에서 많은 농부들이 건강을 잃는 것을 보게 되었다. 그도 화학에 조예가 있는 사람이었기에 완성된 와인의 잔류 농약이나 비료 성분은 전혀 걱정할 수준이 아니라는 점을 알고 있었다. 하지만 과도한 비료와 제초제로 땅의 균형이 파괴되면서 그의 고향이 망가져가고, 농축된 제초제와 농약을 희석해서 분무하는 과정에서 함께 일하는 사람들의 건강이 파괴되는 것을 본 그는 어렵지만 농약과 합성 비료를 거부하고 자연주의 포도 재배를 시도한다. 그리고 그의 딸 베네딕트 르로이는 아버지에게 기왕 하는 것 최고로, 가장 훌륭한 내추럴 와인의 장인이 되라고 조언했다. 그래서 베네딕트는 아버지와 함께 내추럴 와인의 아버지 쥘 쇼베, 프랑스 내추럴 와인 운동을 처음으로 이끈 피에흐 파이야흐Pierre Paillard(또는 피에르 파야르) 그리고 '내추럴 와인의 신' 피에르 오베르누아와 교류하며 그들의 제자가 되었다. 결국 지금은 세계 최고의 내추럴 샴페인 생산자 중 하나로 이름을 높이게 되었다. 그의 뒤를 따라 수많은 샴페인 하우스가 더 자연스러운 방식으로 훌륭한 샴페인을 만들게 된 것 또한 이 부녀의 노력이 없었다면 어려운 일이었을 것이다.

세계 인구는 80억 명에 조금 못 미치고 전 세계 와인 소비량은 국제 와인 기구 추산 1년에 약 2억 5천만 헥토리터, 약 333억 병이다. 내추럴 와인만으로는 절대로 이 소비량을 충족시킬 수 없다. 바로 생산의 아쉬움을 컨벤셔널 와인이 충족시킨다. 컨벤셔널 와인은 와인을 사랑하는 많은 사람들이 경쟁하면서 전 세계가 원하는 가격과 품질을 안정적으로 생산해 내기 위해 피와 땀이 들어간 결과물이다.

내추럴 와인과 컨벤셔널 와인의 동행

내추럴 와인은 상업적인 생산량을 맞추지 못해 멸종되어가던 옛 품종들의 독특한 맛과 향을 느낄 수 있으며, 대량 생산에 적합하지 않아 사라져가던 재미있는 맛과 향의 양조법들이 보존되고, 그 자체로 포도밭에서 수천 년간 함께 자라온 각 지역의 자연 허브와 생명들을 함께 자라게 할 수 있다.

지금 우리가 마시는 컨벤셔널 와인과 내추럴 와인은 모두 과학의 산물이다. 한 번에 전 세계에 판매할 수 있는 수백만 병의 와인을 만들면서도 그 품질을 일정하게 만들 수 있는 것도 과학의 발전 덕분이며, 가장 전통적인 방식으로 와인을 만들고도 백 년 전처럼 술이 식초가 되어버리거나 마실 수 없는 와인이 탄생하지 않는 것도 과학 덕분이다.

내추럴 와인 생산자 대부분은 컨벤셔널 와인을 비판하거나 비하하지 않는다. 다만 이들이 더 좋아하는 타입의 와인이 내추럴 와인이기에 그걸 마실 뿐이다. 프랑스 쥐라 지역 최고의 와인 생산자 중 하나이며, 내추럴 와인의 신이라는 별명을 가진 피에르 오베르누아는 자신의 양자이자 현재 자신의 와이너리를 맡고 있는 엠마누엘 우이용이 정규 와인 양조 학교에서 오랜 학업을 마치게 했다. 배움은 언제나 좋은 것이며 해결책을 알고 있는 사람은 언제든 방법을 찾을 수 있다는 것이 그 이유였다.

또한 피에르 오베르누아는 그 누구보다도 양조학의 전문가였다. 그는 와인의 향이나 맛을 이야기하면 그 향과 맛이 어떤 화합물에서 나온 것이며, 이것은 포도 품종 자체에서 생성된 것인지, 효모의 영향인지, 숙성 중 화학적 변화로 생성된 것인지를 당장 칠판에 화학식까지 써가며 설명할 수 있는 사람이다. 그는 자신이 만드는 내추럴 와인에 대해 "밭에서 완벽한 포도를 재배했는데 거기에 무언가를 더하거나 뺄 필요가 있느냐?"고 되묻는다. 그리고 그는 내가 만나본 최고의 사워 도우 빵의 제빵사이기도 했다.

내추럴 와인 생산자들은 자신의 지식과 경험을 총동원해 대량 생산 방식으로는 양조가 불가능한 각 지역의 사라져가는 토착 품종으로 좋은 와인을 만들어 함께 나누려 노력한다. 이런 와인을 싫어하는 사람들도 있을 수 있다. 컨벤셔널 와인의 애호가라도 전 세계 모든 스타일의 와인을 모두 좋아하는 사람은 드물다. "미국 캘리포니아의 나파 밸리 와인이 최고다!", "부르고뉴 와인이 최고다!" 하고 말하는 사람이 있듯 "내추럴 와인이 최고다!"라고 말하는 사람도 있기 마련이다. 이 와인들은 소중한 '와인 세계의 다양성'에 일조하는 한 축이다.

와인 애호가라면 자신이 부르고뉴 와인을 좋아하고 호주 쉬라즈를 좋아하지 않는다고 해서 호주 와인 전통을 싸잡아 욕하지 않는다. 와인은 다양성의 술이다. 와인 애호가들 중에는 다양성을 경험하는 것을 좋아하는 사람도, 일정한 분야를 깊게 파고드는 사람도 모두 와인을 사랑하는 사람이다. 우리가 전통 장이나 전통주, 수도원 맥주나 김치 명인들의 김치를 소중히 간직하고 즐기지만 현실적으로 공장에서 생산한 장과 대량 생산 막걸리와 맥주, 공장에서 대량 생산한 김치를 더 많이 소비하는 것처럼 내추럴 와인은 소중한 전통이지만 대량 생산해서 우리 모두 저렴하게 즐길 수 있는 문화는 아닌 것이다.

⁑ 컨벤셔널 와인은 더 많은 사람을 위해, 내추럴 와인은 더 다양한 맛을 위해 공존

컨벤셔널 와인은 내추럴 와인과 완벽하게 분리된, 별개의 존재가 아니다. 아주 넓게, 와인들을 모두 모아놨다면, 여기서 모든 것이 가장 인위적인 와인부터 모든 것이 가장 자연스러운 와인까지를 줄 세울 수 있을 것이다. 그중에 어느 기준을 정해 이 기준 이상으로 자연스럽게 만든 와인을 내추럴 와인이라고 하는 것뿐이다. 불과 몇십 년 전만 해도 내추럴 와인이 아닌 와인은 존재하지 않았다. 당연하게도 자연 효모 외의 배양 효모를 만드는 기술이나 회사도 없었고, 와인의 성분을 인위적으로 조정하는 기술이나 재료도 존재하지 않았기 때문이다.

우리나라에서 가장 많이 팔리는 와인 중 하나인 칠레의 카시에로 델 디아블로 와인들은 그 한 브랜드로만 한 해 6600만 병의 와인이 생산된다. 각 품종과 라인업당 최소 500만 병 이상이 한 번에 양조되는 셈이다. 평범한 내추럴 와인 메이커의 전체 생산량 300곳 이상의 양이 단 한 와인으로 만들어지는 것이다. 그런데도 이 수많은 양이 똑같은 맛으로 만들어진다. 이것이 컨벤셔널 와인 양조의 대단한 점이자 가장 큰 단점이다. 우리가 저렴한 가격에 어디서든 만날 수 있으면서 늘 잘 알고 있는 익숙한 맛으로 마실 수 있다는 것은 굉장한 일이다. 동시에 한 지역, 한 나라, 한 품종이 특정한 하나의 맛으로만 기억된다는 것은 심심하고 재미없는 일이기도 하다.

이런 어마어마한 생산량을 '똑같은 맛'으로 만들기 위해서는 많은 것을 포기해야 한다. 한 번에 수만~수십만 리터를 발효하는 대형 발효조에서는 효모들이 포도를 발효하며 나오는 열만으로도 포도주스가 익어버릴 수 있다. 그리고 각 밭마다 서로 다른 야생 효모들이 복합적으로 발효를 이루는 것이 내추럴 와인의 생명력 있는 맛을 만들어준다면, 대량 생산에서는 수백만 리터 단위의 발효조 하나하나마다 서로 다른 밭의 포도가 섞이고 다른 테루아의 영향이 더해지면서 서로 완전히 다른 맛이 되어버린다. 그래서 포도를 따자마자 이산화황을 써서 포도와 함께 성장한 야생 효모를 포함한 모든 세균을 살균해 버린다. 그리고 착즙한 다음 이 죽은 효모와 함께 기계로 수확하고 착즙하며 혼입된 이물질들을 제거한다. 규조토나 부레풀 등의 흡착 재료로 와인을 맑게 한 뒤 필터로 거르는, 이 과정에서 효모가 먹고사는 데 필요한 무기물들이 많이 흡착되어 사라지게 된다. 그래서 이 살균된 과즙에 공장에서 배양한 효모를 넣으면서 효모가 먹고살 수 있는 필수 비타민과 무기질을 다시 녹여준다. 그리고 이 시점에서 발효조 속 원액의 성분 측정을 한 뒤 포도에서 추출한 유기산, 탄닌, 농축 포도즙 등을 넣어 각 발효조마다의 성분을 동일하게 조정한다.

발효가 끝나고 나면 각 발효조의 와인의 맛과 향을 똑같이 맞추기 위해 다시 한번 성분 측정을 한 뒤에 포도에서 추출한 산, 탄닌, 당분을 제거한 농축 포도즙 등의 성분을 넣어 미세 조정을 한다. 이 성분들은 포도 과즙에서 추출한 것이므로 와인이 포도 100%로 이루어졌다는 점이 바뀌진 않는다. 어디까지나 법적으로는 이런 수많은 성분들을 제거하고 추가하고 조정하는 과정을 거치더라도 모든 물질이 포도에서 온 이상 포도 100%인 것이다. 발효가 끝나면 다시 이산화황을 넣어 효모를 싹 죽이고 규조토나 부레풀 등의 흡착 재료를 넣어 파이닝fining이라는 청징 작업을 거친 뒤 필터로 다시 거른다. 그리고 이산화황을 넣고 병입한다.

와인을 대량 생산한다는 것은 발효를 조절해 전혀 실패하지 않는 안전한 과정을 만드는 것을 뜻한다. 내추럴 와인 메이커가 어쩌다가 오크통 한 개의 발효를 실패해 300병 정도의 와인을 버리는 일은 있을 수 있다. 위험하지만 감당 가능한 범위다. 그런 위험에도 불구하고 더 맛있고 더 개성 있는 와인이 나온다면 해볼 수 있는 일이다. 하지만 한 번에 수십만 병의 와인을 만드는 발효조가 실패한다면? 그건 아무리 대기업이라도 감당할 수 있는 수준이 아니다. 그래서 컨벤셔널 와인은 발효와 와인 생산의 많은 부분을 기계화·자동화하고, 자연 효모를 최대한 기피하며 안정성을 추구한다. 그렇게 함으로써 언제 어디서나 구할 수 있을 정도로 생산량을 늘릴 수도 있고, 상업적인 편의성이 생기고, 빈티지마다 차이를 줄일 수 있다. 하지만 이런 조건을 맞출 수 없는 와인은 영영 사라져 버리기도 한다.

현재 컨벤셔널 와인에서는 각 지역별, 와인 품종별로 대부분의 와인이 동일한 배양 효모를 사용한다. 그래서는 그 포도 품종, 그 테루아에서 포도와 함께 자란 효모를 쓸 수 없다. 단일한 효모만을 사용하면 실패가 없지만, 독특한 향과 개성을 표현하는 데에는 약점이 생긴다. 또한 몇몇 부르고뉴 명가나 미국의 몇몇 컬트 와인 메이커가 몇 가지 효모를 섞어 쓰는 방식을 연구하고, 실행하고 있기는 하지만 그 다양성과 복합성에서 자연 효모를 사용하는 것만큼 훌륭하기는 어렵다. 또한 배양 효모는 단일한 특성의 효모를 만들어 배양하는 과정에서 돈이 많이 들어간다. 그래서 각 지역에서 자라는 수많은 토착 품종의 포도들 하나하나에 딱 맞는 배양 효모를 만드는 것은 불가능하다. 이탈리아 한 곳에서만도 약 8천 종의 토착 품종이 있고 아직 분류조차 완벽하게 끝나지 않았다.

컨벤셔널 와인의 방식으로는 각 토착 품종들을 대량 생산하기 어려울뿐더러 그 품종 하나하나의 매력을 살리기도 매우 어렵다. 그래서 내추럴 와인이 없다면 각 지역의 토착 품종들은 점점 줄어들고, 멸종하게 되는 것이다. 그런데 각 포도 품종들 하나하나는 모두 놀라운 매력과 특징이 있다. 같은 테루아에서 자란 포도로 같은 양조법을 사용한 같은 생산자의 와인이라도 그 수천수만 가지의 품종이 다 다른 맛과 향을 낸다. 우리가 와인을 마시는 이유는 '다양성의 매력'이라는 말을 많이 한다. 우리가 내추럴 와인을 마시는 것은 그 자체로 각 지역의 토착 품종을 보호하고 각 지역의 토착 품종과 함께 자라온 효모들을 발전시키는 와인의 다양성에 기여하는 일이다.

와인의 양조법도 마찬가지이다. 앞에서 한 번 언급한 것처럼 오크통을 처음 발명한 것은 고대 로마 시절 프랑스 지역의 켈트족이다. 그 이전에는 동북으로는 조지아부터 서남으로는 이라크와 그리스에 이르는 고대 와인 생산자들은 토기 항아리나 양가죽 부대에 포도를 담아 와인을 발효했다. 양가죽 부대 발효법은 산소와 차단된 깨끗한 맛으로 발효되는 것이 핵심이므로 현대의 스테인리스 스틸 탱크 발효법과 사실상 비슷하다. 그래서 지금 굳이 양가죽 부대 발효법을 쓰는 와인 메이커는 없다. 앞에서도 언급한 것처럼 현대적 양조법보다 비싸고, 효과는 떨어지는 방법이기 때문이다. 내추럴 와인 메이커들은 과학적이고 합리적으로 대량 생산이 불가능한 방식의 훌륭한 와인을 만드는 사람들이지 굳이 옛날 방식이라고 해서 더 좋지 않은 방식을 받아들이는 사람들이 아니다.

티냐하, 크베브리, 그비노, 암포라 등 나라마다 다른 이름으로 부르는 토기 항아리 발효법은 이야기가 다르다. 이 토기들은 어떤 흙으로 만들었느냐에 따라 와인에 다른 미네랄리티를 준다. 토양의 뉘앙스를 와인에 넣는 또 다른 한 가지의 방법이 늘어나는 것이다. 또한 토기를 낮은 온도로 구울수록 토기의 미세한 기공이 커져서 증발량과 산화량이 커지고, 높은 온도로 구울수록 산소와 차단된 깨끗한 맛에 가깝게 숙성된다. 또한 토기를 땅에 묻으면 지열로 인해 일정한 온도가 자연적으로 유지될 수 있다. 그런데 이러한 토기 항아리는 크기를 일정 이상 키우는 것이 어렵고 각 항아리마다 맛과 향이 달라지기 쉬워 대량 생산이 불가능하다. 그래서 상업적인 대형 와이너리에서 이런 양조법을 쓰기는 쉽지 않다.

이 외에도 수많은 개성 가득한 양조법들은 내추럴 와인이 사라지면 아예 사라지거나, 컨벤셔널 와인에서 쓸 수 있는 방식으로 변형되어 일부만 살아남을 수 있을 것이다. 자연 효모가 주는 지역적 테루아는 내추럴 와인에서만 느낄 수 있다. 우리나라에서도 메주를 띄워 장을 담그던 시절에는 집집마다 자기 집에서 자라는 곰팡이 포자가 달랐다. 그래서 똑같은 콩을 똑같이 삶아 장을 담가도 집마다 다른 맛을 냈다. 누룩을 띄우든 젓갈을 담그든 김장을 하든 마찬가지이다. 신라 김유신이 전쟁에 나가기 전 집의 간장 맛을 보고 변함이 없으면 집에 변고가 없을 것이라고 안심했다는 이야기가 있다. 발효를 통해 맛을 만드는 것은 늘 꾸준히 묵묵히 성실하게 자기 일을 해야만 가능한 일이기 때문에 이런 이야기도 있는 것이다. 그러면 우리가 와인으로 즐길 수 있는 아름다운 다양성은 또 줄어든다. 와인의 가장 큰 재미, 다양성을 위해서 내추럴 와인은 꼭 필요한 존재이며 컨벤셔널 와인과의 공존에서 더 뚜렷한 멋을 보인다.

CHAM
LAHERT
ROSE DE
EXTR

내추럴 와인에 대한 오해와 상식

〚 3 〛

건강에 이로운 술은 없다

내추럴 와인을 왜 마실까? 당연히 맛있으니까 마신다. 내추럴 와인이 아니면 느낄 수 없는 맛과 향이 있으니까 마시는 것이다. 다른 이유는 모두 부수적이다. 내추럴 와인을 마시면서 '건강' 이미지를 덧씌우는 것을 매우 위험하다. 내추럴 와인도 와인이고, 술이다. 술에는 알코올이 있고 알코올은 누가 뭐래도 독이다. 맛있고 향기로우니까 적당히 즐기는 것이지 술이 건강에 좋을 수는 없다. 심지어 레드 와인이 건강에 좋다는 프렌치 패러독스 같은 이야기도 전부 과장된 이야기로 밝혀졌다. 건강하게 살고 싶다면 정기적으로 건강검진을 받고, 술은 식사와 함께 즐거운 반주로만 즐기고 적당한 운동을 해야 한다. 무엇을 더 먹어서 건강에 좋다는 것은 아쉽지만 전부 과장된 이야기이다.

천식 환자나 이산화황 민감증이 있는 사람들이 있다. 대다수의 사람에게는 상관없지만 이런 사람들에게는 와인 속에 남아 있는 적은 양의 이산화황도 몸에 큰 자극이 된다. 천식 환자나 이산화황 알레르기가 있는 사람들의 이야기이다. 건포도에는 와인보다 훨씬 높은 농도의 이산화황이 있다. 건포도를 먹었을 때 아무 이상 없는 사람이라면 와인의 이산화황으로 문제가 있을 리 없다. 천식 환자나 알레르기 환자는 컨벤셔널 와인을 마시면 자극이 심하고 심한 경우 위험할 수도 있다. 그래서 이들은 내추럴 와인밖에 마실 수 없다.

효모는 자연적으로 극소량의 이산화황을 생산할 수 있다. 한국에서는 국내법상 이산화황이 검출되는데 첨가하지 않았다고 쓰면 와인을 모두 폐기해야 한다. 그래서 이상한 법이지만, 모든 내추럴 와인이 한국에 수입될 때는 '이산화황 무첨가' 문구를 제거하고 '이산화황 첨가'로 표기한다. 그러니 천식 환자나 알레르기 환자들은 내추럴 와인의 백레이블을 보고 놀라지 않아도 된다.

내추럴 와인을 표방하지 않는 샴페인 하우스 중 명성 높은 드라피에가 있다. 그런데 드라피에 가문의 대부분 사람이 이산화황에 알레르기가 있다. 그래서 대량 생산 샴페인 하우스이며 공식적으로 컨벤셔널 샴페인 생산자이지만 대부분의 샴페인에 이산화황을 극소량만 사용하고 일부 샴페인은 아예 내추럴 샴페인으로 출시한다.

내추럴 와인을 마시면 숙취가 없다는 사람들이 있는 반면, 오히려 반대로 숙취가 심하다는 사람도 있다. 사람마다 체질 차이가 있어서 그런 것이다. 내추럴 와인이 대부분의 사람에게 숙취가 적거나 많다는 증거는 '많은 실험과 연구에도 불구하고' 아직 결론이 나온 적이 없다. 개인적으로는 내추럴 와인의 숙취가 명백하게 적기는 하지만 사실 내추럴 와인을 좋아하는 사람들이 체질적으로 내추럴 와인과 더 잘 맞고, 싫어하는 사람들이 체질적으로도 덜 맞을 가능성이 높지 않을까?

결론적으로 내추럴 와인도 술이다. 술은 기본적으로 건강에 나쁜 것이다. 어디까지나 적당히 마시고 즐겨야지 굳이 내추럴 와인이라고 해서 더 건강에 좋거나 더 나쁘거나 하지는 않다. 하지만 여기서 언급한 건강상의 문제 외에도 어떤 사람들은 내추럴 와인 외에는 마실 수 없는 경우가 생긴다.

드라피에Drappier의 내추럴 샴페인 중 하나인
드라피에 브륏 나튀흐 상 수프헤Drappier Brut Nature Sans Soufre

지속 가능한 환경과 내추럴 와인

지속 가능한 환경을 위해 내추럴 와인을 마시는 사람도 많다. 이 부분도 냉정하게 바라볼 필요가 있다. 내추럴 와인은 단위 면적당 생산량이 적다. 같은 양의 와인을 만들기 위해 더 많은 농지가 필요하다는 점이다. 인간이 경작하는 농지가 넓어지면 결국 자연 상태 그대로의 땅은 점점 줄어든다. 아무리 자연적으로 경작하더라도 자연 그대로 땅을 놔두는 것만큼 자연을 보호할 수 있는 방법은 없다. 그럼에도 불구하고 내추럴 와인의 경작지가 늘어나는 것은 큰 의미가 있다. 바로 '종 다양성' 측면에서 컨벤셔널 와인의 농지가 늘어나는 것과는 매우 다른 결과를 가져온다.

내추럴 와인은 환경에 조금 이롭다. 그 예를 살펴보자.

첫째, 내추럴 와인은 굉장히 높은 비율로 지역 토착 품종을 사용한다. 그래서 내추럴 와인으로 전환하는 농지가 늘어나면 늘어날수록 점점 사라져가는 전 세계의 다양한 포도 품종의 매력을 보존할 수 있다.

둘째, 내추럴 와인을 생산하기 위해서는 오랫동안 건강한 효모가 포도나무와 함께 자라나야 한다. 효모는 겨울을 땅속에서 난 뒤, 봄과 여름에는 지표면의 풀들과 포도나무 가지에서 생장한다. 그리고 가을이 되어 포도가 익기 시작하면 포도 껍질 표면을 하얗게 뒤덮는다. 화학 비료를 과도하게 사용하여 토양이 산성화되면 연약하고 섬세한 효모들의 수가 줄어든다. 제초제와 살충제, 살균제를 쓰면 포도 가지나 토양, 포도 열매에 붙은 효모들의 다양성과 수가 모두 줄어들게 된다. 그러면 포도 껍질의 자연 효모만으로 와인 발효를 진행시킬 때 다양한 건강한 효모들이 빠르게 수를 늘릴 수가 없게 된다. 그러면 잡균들이 발효에 영향을 크게 주게 되어 과도한 브렛, 마우스 같은 현상이 일어나거나 심지어는 와인이 제대로 발효되지 않고 부패하게 된다. 그래서 내추럴 와인은 아주 엄격한 유기농 또는 비오디나미 방식으로 재배한 포도로만 생산한다.

농약과 제초제를 쓰지 않기 때문에, 내추럴 와인을 생산하는 포도밭에서는 포도나무와 함께 자연적인 지역의 잡초, 들꽃, 자연 허브들이 함께 자라난다. 이 자체로도 지역 생태계의 종 다양성을 보호하게 된다. 여기에 더해서 이런 잡초와 들꽃, 자연 허브가 풍성해지는 덕에 지역의 벌들이 살충제로 죽는 일도 막고 들꽃들의 꿀을 빨면서 수분을 도와주게 된다. 자연의 나무와 꽃들은 수분을 더 잘할 수 있고 우리는 다양한 테루아의 꿀을 더 얻을 수 있다. 게다가 토양이 산성화하는 것을 최소화하기 때문에 흙 속에 다양한 미생물들과 지렁이 같은 유익한 생물들이 많이 살게 된다. 그래서 자연 자체의 순환을 더 크게 도울 수 있다.

또한 제초제를 쓰지 않으면서 너무 과도하게 풀들이 자라는 것을 막기 위해 양이나 염소들이 포도나무 사이에서 풀을 뜯게 하기도 한다. 그러면 더욱 자연스러운 허브 향이 가득한 우유와 버터, 치즈를 얻게 되는 효과가 있다.

셋째, 제초제로 인해 표면에 흙이 다 드러난 땅에 비해 이렇게 자연적인 농업을 하면 비가 올 때마다 토양이 쓸려 나가는 것을 막을 수 있다. 너무 가물 때는 잡초와 들꽃, 허브가 지표를 덮어 수분 증발을 막아주고, 비가 올 때는 흙이 쓸려나가는 것을 막아준다. 가끔 쟁기질을 할 때마다 이들이 자연 비료가 된다. 하지만 유기농법이 아닌, 합성 비료와 농약, 제초제를 쓰는 관행농법(conventional farming)에서는 비료를 흙 표면에 뿌리기 때문에 토양 표면을 그대로 놔둘 경우에는 잡초들이 비료를 빨아먹고 과도하게 자라게 된다. 그러니 제초제로 필요한 작물 외에는 모두 죽이는 것이 효율적이다.

현재 선진국에서 쓰는 농약과 비료는 모두 굉장히 엄격한 저독성으로 만들어진다. 그래서 비료나 농약, 제초제를 쓴 작물이라고 해도 소비자에겐 아무런 해가 없다. 하지만 농축된 농약과 제초제를 희석하고 분무하는 농부들은 아직도 중독의 염려가 있다. 직접 농사를 짓는 사람들까지 보호할 수 있는 것이 이런 자연적인 농사법이다.

넷째, 와인용 포도 수확에 있어서 새와 동물들의 몫도 있다.

현재 굳이 유기농이 아니더라도 전체 와인 생산에서 포도 생산량의 대략 10% 이상, 많은 해에는 20~30%를 새와 동물들이 먹고 있다. 이렇게 생산량이 많이 줄어든다. 이 분량은 컨벤셔널 와인이든 내추럴 와인이든 크게 다르지 않다. 포도 농사를 노지에서 짓는 것만으로도 그 지역의 수많은 새들과 동물들이 살아갈 수 있게 한다.

내추럴 와인과 숙성

많은 사람들이 내추럴 와인은 장기 숙성하지 않거나 숙성과 보관이 더 어렵다는 뜬소문을 믿는다. 배양 효모와 비료, 농약을 쓰기 전에는 모든 와인이 내추럴 와인이었다. 이에 대해 마스터 오브 와인 이자벨 르쥬롱은 자신의 책 『내추럴 와인』에서 보르도 1등급 5대 샤토의 전설적인 최고 빈티지 중 하나인 1945 빈티지를 모아 현미경 관찰과 성분 분석을 통해 내추럴 와인으로 양조되었다는 부분을 밝혀낸 적이 있다. 전설적인 빈티지인 1945 보르도 와인들은 지금까지도 정말 맛있는 와인이다. 또한 프랑스 쥐라 지역 최고의 내추럴 와인 메이커 피에르 오베르누아의 1950년대 와인들은 지금 마셔도 생생하게 맛있는 것으로 유명하다. 오렌지 와인의 세계 최고 메이커 라디콘은 또 어떤가? 라디콘의 첫 빈티지도 아직 '어리고' 맛있다.

많은 사람들이 내추럴 와인은 오래 숙성이 되지 않는다고 오해하거나, 보관이 더 어렵다고 생각하는 가장 큰 이유는 아마도 보존제인 이산화황이 들어가지 않기 때문일 것이다. 이산화황은 와인의 숙성 능력을 '늘려주는' 첨가물이 아니다. 컨벤셔널 와인에서 이산화황을 가장 많이 쓰는 와인 타입 중에는 보졸레 누보나 모스카토 다스티 같은 와인들이 있다. 둘 다 빠르게 양조를 마무리하기 때문에 혹시라도 재발효가 일어날 수 있어서 이산화황 함량을 높이는 편이다. 하지만 이 두 타입의 와인은 장기 숙성이 불가능하다. 와인을 숙성시키는 조건은 알코올 도수, 당분, 탄닌의 양, 산도, 항산화 물질의 함량이다.

와인은 숙성되는 동안 어떤 변화를 겪을까?

우리는 어린 와인을 마실 때 와인의 포도 자체의 향, 깨끗한 산미와 맛을 즐긴다. 반면에 잘 익은 오래된 와인을 마실 때에는 잘 숙성되면서 나타나는 향미가 과일 향과 어우러지고, 모든 면에서 부드러워진 맛과 향을 즐기게 된다. 와인을 이상적인 환경에서 오래 보관하는 동안 와인 속에서는 여러 변화가 일어난다.

먼저 오렌지 와인이나 레드 와인, 로제 와인에서는 탄닌의 중첩 반응이라는 변화가 일어난다. 와인 속에서 떫은맛을 내며 와인의 보디를 풍만하게 해주는 성분 중 하나가 바로 탄닌이다. 그런데 이 탄닌에는 재미있는 성질이 있다. 바로 가만히 두면 탄닌 분자끼리 서로 결합하는 것이다. 이것을 '중합'이라고 한다. 1리터의 와인에 1g의 탄닌이 있다고 가정해 보자. 그리고 (실제와는 숫자가 완전히 다르지만 편의상 이렇게 가정하겠다) 어린 와인일 때 이 1g의 탄닌이 100만 개의 작은 탄닌 분자로 이루어져 있다면, 와인이 숙성되고 나면 똑같은 1g이지만 작은 탄닌 분자 100개씩이 결합한 큰 탄닌 분자 1만 개가 있게 되는 것이다. 그런데 재미있게도 와인이 '묵직'한 보디감이 있게 느껴지게 하는 것은 와인 속의 탄닌 농도이며 와인을 '떫게' 느껴지게 하는 것은 탄닌 분자의 숫자이다. 여기서 숙성된 와인이 부드럽게 느껴지는 이유가 생긴다. 바로 탄닌 농도는 그대로이니 와인의 묵직한 보디감은 살아 있으면서 탄닌 분자의 수는 줄어들어서 떫은 느낌은 극적으로 줄어들게 된다. 물론 오래 보관하는 과정에서 뒤에 설명할 '항산화 물질' 작용을 탄닌도 하기 때문에 탄닌의 절대량도 점점 줄어든다. 또한 뒤에 다시 설명할 결정화로 와인에 녹아 있는 탄닌 양 자체도 점점 줄어든다. 하지만 가장 큰 변화는 바로 이 탄닌의 중첩이다. 묵직하지만 쓰고 떫지 않은 와인은 바로 이런 숙성에서 생기는 큰 이득이다.

또 다른 큰 변화는 '산화'이다. 산화는 아주 간단하게는 산소나 빛 때문에 와인 성분이 변질되면서 와인이 변화하는 것이지만, 깊게 들어가면 수많은 이유로 와인에 전자와 에너지가 전달되면서 와인 성분이 변화하는 것이다. 앞에서 설명한 리덕션이 '산화'의 역반응이다. 그래서 오래 숙성된 와인에서는 리덕션이 사라진다. 그래서 리덕션이 있는 와인은 오히려 아주 장기 숙성이 가능한 좋은 와인이라는 뜻도 된다. '항산화 물질'이라는 말을 들어본 사람이 많을 것이다. 이 항산화 물질은 말 그대로 산화를 방지해 주는 물질이다. 다른 성분보다 먼저 산화하여 다른 성분들이 변질되는 것을 막아주는 성분이다. '탄닌'이 대표적인 항산화 물질이다. 레드 와인이나 로제 와인, 오렌지 와인의 색이 진한 것은 다양한 천연 색소 때문이다. 적포도의 붉은색을 내는 안토시아닌, 청포도의 노란색을 내는 카로티노이드, 청포도와 적포도에서 숨은 초록색을 내는 엽록소 등이 와인에 아름다운 색을 내준다. 이러한 천연 색소도 대표적인 항산화 물질이다. 오래 묵은 와인이 종류와 상관없이 점점 갈색에 가까운 색으로 변하는 것도 이런 색소들이 와인의 맛과 향 대신 산화되어 주기 때문이다.

와인은 포도주이다. 포도라는 과일로 만든 술이고, 와인의 맛과 향의 가장 메인 포인트는 어디까지나 과일의 향과 맛이어야 한다. 와인 평론가들이 오래된 와인을 맛보고 더 숙성 가능한 와인인지 아닌지를 판단할 때 가장 중요하게 보는 포인트도 바로 신선한 과일 향과 맛이다. 어떤 포인트가 과일 향과 맛을 넘어서는 순간, 그 상태의 와인이 맛있을 수는 있지만 그 와인의 숙성상 정점은 지나간 것이 되는 것이다. 와인은 산도가 높을수록 오래 보관할 수 있다. 와인의 산도가 높으면(PH가 낮으면) 병 속에서 와인이 더 천천히, 더 완벽하게 숙성한다.

마지막으로 포도의 당도가 높으면 알코올 도수가 높아지거나 완성된 와인의 당도가 올라가는데, 이 두 요소 모두 와인의 장기 보존에 도움을 준다. 알코올은 그 자체로 방부제이자 보존제이다. 당도는 설탕에 절인 과일이나 잼처럼 당도가 높은 것 자체로 와인의 보존성을 크게 높인다.

내추럴 와인은 종류와 상관없이 포도의 생산량을 극도로 줄여 포도의 맛과 향 성분을 농축시키기 때문에 보통 오히려 다른 와인들보다 숙성력이 좋은 편이다. 심지어 내추럴 보졸레 누보의 경우에도 5년 이상의 추가 숙성 능력은 대부분 가지고 있을 정도이다. 특히 양조 과정에서 이미 산화를 끝낸 앰버 와인 계열의 오렌지 와인이나 프랑스 쥐라 지역의 뱅 존 같은 와인들은 기본적으로 수십 년 이상 숙성이 가능하다.

내추럴 와인의 놀라운 숙성력과 관련해 쥐라 지역의 와인 메이커로 '내추럴 와인의 신'이라는 별명을 가진 피에르 오베르누아의 놀라운 일화를 하나 소개한다.

피에르 오베르누아의 와인들은 아직 한국에 정식 수입되지 않았다. 업계에서는 다 알고 있는, 공공연한 비밀로서의 와이너리 출고가는 의외로 다른 쥐라의 특급 와이너리보다 딱히 높지 않다고 알려져 있는데도, 그의 뱅 존이 비교적 저렴하게 풀린다는 일본에서조차 출고가의 20~35배 가격에 팔리곤 해서 오베르누아 본인조차 "와인은 와인일 뿐"이라며 화를 냈다고 한다.

한국 최대 내추럴 와인 행사인 '살롱 오'를 주관하는 최영선 대표의 저서 『내추럴 와인 메이커즈』에 나오는 일화다.

피에르 오베르누아가 수십 년 된 자신의 풀사르Poulsard 품종으로 빚은 레드 와인으로 와인 업계의 전문가들에게 블라인드 테이스팅을 진행한 적이 있다. 그들은 전부 그 풀사르가 병입한 지 5년 이내의 신선한 최상급 와인이라고 답했다. 오베르누아는 이산화황조차 전혀 쓰지 않는 완벽한 내추럴 와인이다. 수십 년 숙성한, 보통 피노 누아만큼이나 섬세하고 색이 옅은 풀사르가 수십 년 숙성되었는데 여러 명의 업계 전문가가 하나같이 "이 와인은 아직 어리고 숙성 잠재력이 가득한 와인"이라고 답한 것이다.

내가 운영하는 내추럴보이 와인 숍에서는 매년 연말이면 직접 장기 숙성 창고에 오랫동안 묵혀둔 전설적인 내추럴 와인을 소량 판매한다. 그리고 일 년에 몇 번은 굉장히 오래 묵힌 내추럴 와인들을 함께 마시는 시음회를 열기도 한다. 그때마다 굉장히 고가의 시음회인데도 참가 경쟁률이 치열하다. 워낙 생산량이 적은 와인들이니 잘 익은 와인을 만나기 쉽지 않은데, 오래 숙성된 내추럴 와인은 정말이지 환상적이기 때문이다.

하지만 내추럴 와인을 오랫동안 숙성해서 맛있게 즐기기 위해서는 보관에 큰 신경을 써야 한다. 내추럴 와인을 장기 숙성하는 게 불가능할까 봐 걱정하는 사람들은 내추럴 와인이 보관하는 것도 더 어렵다는 편견을 가진 경우가 많은데, 그것은 사실이 아니다. 모든 와인의 이상적인 보관 환경은 크게 다르지 않다.

와인이 보관 도중에 변질되는 것은 크게 세 가지 이유다.

첫째, 과도한 산화

둘째, 열로 인해 끓어버린(cooked wine) 와인

셋째, 코르크의 결함으로 인한 변질

“와인을 보관할 때는 눕혀서 보관하고 와인을 이동할 때는

세워서 이동하라."는 말이 있다. 와인을 세운 채 오랫동안 놔두면 와인 코르크가 천천히 마르면서 탄성이 떨어지고 공기가 새어 들어가거나 와인이 새어 나오며 와인이 과도하게 산화되어 변질될 우려가 있기 때문이다. 또한 와인을 이동시키는 과정에서는 진동 때문에 와인의 침전물들이 흔들리고 와인에 다시 녹아들거나 하면서 소위 '와인 멀미(bottle sickness)'라고 하는 현상이 일어날 수 있다. 일시적으로 와인 맛이 희미해지고 향이 가려진 것처럼 변하며 깨끗하지 않은 맛이 나게 되는 것이다. 와인을 세워두면 밑바닥이 좁고 진동이 위아래로 요동치기는 쉽지 않기 때문에 같은 조건에서도 진동의 영향이 적어진다. 이런 와인 멀미는 빠르면 일주일, 심하게 흔들렸다면 한두 달 정도 가만히 두면 점점 사라진다. 하지만 와인의 산화는 한 번 일어나면 절대 돌아올 수 없다. 와인을 장기 보관할 때는 꼭 병을 눕혀두어야 한다. 하지만 코르크를 마개로 쓰지 않은 와인이라면 신경 쓰지 않아도 된다. 스크루 캡이나 트위스트 캡, 크라운 캡 등의 뚜껑은 코르크보다 미적으로 떨어지고 와인이 싸 보인다는 단점이 있지만, 사실 와인을 안전하게 보관하는 능력은 코르크보다 더 좋다. 유명 와이너리에서도 와이너리 내부 장기 숙성 와인은 이런 방식으로 보관하다가 출고 직전에 코르크를 쓰는 경우가 많을 정도이다. 내추럴 와인은 비록 산화에는 컨벤셔널 와인보다 대체로 더 강한 편이지만, 산화 데미지는 어느 와인에서라도 절대 더 나빠질 뿐 회복되지 않는다. 장기 보관 시에는 꼭 병을 눕혀두어야 한다.

와인이 산화되었을 때는 와인 색이 갈색으로 변하며(양조 과정에서 산화를 거치는 앰버 와인 타입의 오렌지 와인이나 뱅존 같은 특별한 와인들은 원래 갈색으로 출시된다.) 와인에서 식초 같은 향이 나는 동시에 과일 향이 거의 나지 않는다. 마신다고 해서 건강에 나쁘진 않지만 그냥 맛이 없어진다.

모든 와인은 장기 보관 시에 꼭 직사광선과 조명이 차단된 어두운 곳에 두어야 한다. 이것은 '광산화(photooxidation)'라고 하는 화학 반응 때문이다. 이 반응은 와인 전문가가 아니면 굳이 알 필요가 없는 것이므로 자세한 설명은 넘어가겠다. 빛은 그 자체로 에너지이기 때문에 빛에 오래 노출된 와인은 빛 에너지로 인해 산화가 일어난다. 이로 인해 와인 색이 혼탁해지며 성냥 연기나 너무 오래 삶은 달걀노른자 같은 향이 나면서 와인이 변질될 수 있다. 이 변화 역시 내추럴 와인과 컨벤셔널 와인을 가리지 않는다. 그러니 와인을 장기 보관할 때는 꼭 어두운 장소에 두어야 한다.

열화 와인(cooked wine)은 모든 와인에서 발생할 수 있는 가장 큰 결함 중 하나이다. 와인이 생기 있는 과일 향과 맛을 완전히 잃어버리고 졸인 소스처럼 변해 버리기 때문이다. 열화는 높은 온도로 인해 와인이 변질되는 것을 뜻한다. 과일 잼이나 와인 소스처럼 '익힌' 과일 같은 향만 나고 생생한 과일 향을 잃어버리며 와인의 향과 맛이 약해지고 알코올 느낌이 강해지는 것이 열화된 와인의 특징이다.

컨벤셔널 와인보다 내추럴 와인이 산화에 비교적 더 강한 것과는 반대로 열화에는 내추럴 와인이 컨벤셔널 와인보다 약하다. 내추럴 와인은 필터로 와인을 거르는 필터링filtering과 와인에 흡착재를 넣어 와인을 맑게 만드는 청징 작업(fining)을 하지 않기 때문에 미세한 효모와 포도 과육 펄프가 와인과 함께 머문다. 이로 인해 고온에서는 효모 단백질과 과육이 변질되면서 와인에 더 나쁜 영향을 크게 끼칠 수 있다.

컨벤셔널 와인은 대량으로 생산, 병입하기 때문에 필터링과 청징 작업을 하는 것이 보통이다. 대량으로 만든 와인을 거르지 않고 병입하다 보면 위쪽에서 담은 와인은 맑은 와인만, 아래쪽에는 효모 잔해만 가득 담길 수 있기 때문이다. 소량 생산하는 컨벤셔널 와인들도 필터링과 청징 작업은 대부분 진행한다.

필터링은 와인을 효모까지 거를 수 있는 아주 촘촘한 멤브레인 필터라는 것으로 걸러주는 과정을 뜻한다. 그리고 청징 작업은 와인에 생선의 부레풀이나 달걀흰자, 아니면 규조토 혹은 벤토나이트라는 아주 오래전 바닷물 속 플랑크톤이 쌓여 만들어진 화석 토양의 흙을 부어준다. 그러면 이 부레풀이나 달걀흰자, 흙이 와인 속의 미세 입자들을 모두 흡착해서 아주 맑고 깨끗하게 빛나는 와인 원액만 남게 한다. 이 두 과정을 거친 다음 이산화황을 살짝 써서 병입하면 쉽게 와인의 컨디션을 유지할 수 있다.

막걸리를 만들 때 아래에 가라앉는 술지게미와 효모를 전부 제거하고 살균한 막걸리를 캔에 담으면 막걸리의 신선한 맛이 모두 사라지듯, 필터링과 청징 작업 그리고 병입 시의 이산화황은는 모두 옛날부터 마시던 '원래'의 와인 맛에 조금씩 손상을 준다. 그래서 내추럴 와인 메이커들은 와인을 병에 담기 전에 발효조를 가만히 두어 자연적으로 가라앉힐 수 있는 것은 가라앉히고 조심스럽게 따르는 방식으로 적당하게 맑은 와인을 병입한다.

일부의 경우에는 일부러 바닥에 가라앉은 포도 과육 잔여물과 효모 잔여물을 약간 함께 병입하여 숙성 과정에서 이 맛과 향들이 천천히 더 녹아나오기도 한다. 이런 와인들을 윗물만 맑게 따라 마시다가 반쯤 남았을 때 흔들어 뿌옇게 마시면 마치 효모 섞인 밀맥주를 마시는 것 같은 풍미가 돌면서 한 와인으로 두 와인을 마시는 듯한 즐거움도 느낄 수 있다. 이것 또한 내추럴 와인을 마시는 재미다.

그러나 이런 효모나 포도 과육이 있는 와인이 너무 높은 온도에 노출될 경우에는 효모의 단백질이 분해되어 와인이 뿌옇게 변하면서 답답한 맛과 향을 내거나, 포도 과육이 익으면서 높은 온도로 찐 과일 향이 나면서 와인에 돌이킬 수 없는 손상을 준다.

열화는 와인 수입사가 단가를 낮추기 위해 냉장 설비가 갖추어지지 않은 컨테이너에 와인을 수입해 오는 과정에서 일어난다. 컨테이너 선박이 적도를 지나면서 엄청난 햇빛이 컨테이너를 달구면 컨테이너 속 온도는 최악의 경우 무려 75℃ 이상까지 오르기도 한다. 유럽에서 오는 선박은 수에즈 운하를 건너며 한 번, 동남아시아에서 올라오며 또 한 번, 이렇게 두 번 적도를 지나게 되는데 이 과정에서 와인이 익어버리는 것이다. 또한 여름에 수입된 와인은 컨테이너를 분류하기 위해 우리나라 항구에서 여름의 직사광선을 받으며 야적하는 과정에서 익어버리기도 한다.

그래서 항공 수입이나 냉장 컨테이너를 꼼꼼히 써서 수입하는 와인 수입사들과 그렇지 않은 와인 수입사들 사이에는 비록 약간의 가격 차이가 생기긴 하지만 와인의 퀄리티 차이는 굉장히 크게 난다. 또한 야적 과정에서 와인이 끓어버리는 것을 막기 위해 여름철에 수입을 하지 않는 수입사와 그렇지 않은 수입사의 와인 컨디션 차이도 크다.

컨벤셔널 와인도 이러한 데미지를 입는 것은 마찬가지이지만 인위적인 방법으로 아주 진하게 만든 와인들의 경우에는 진한 맛과 향에 이런 데미지들이 가려질 수 있다. 하지만 내추럴 와인은 이러한 데미지가 와인의 생기를 확연히 줄이며 큰 피해를 준다.

와인의 열화가 시작되는 온도는 와인 연구자들마다 견해 차이가 굉장히 크다. 가장 높게 잡는 사람은 75℃ 이상에서 와인 속의 알코올이 끓기 시작할 때 돌이킬 수 없는 피해를 입는다고 한다. 이 온도는 여름에 밀폐된 창고에 냉장 장비 없이 와인이 보관되거나, 에어컨 없이 직사광선을 받는 배달 차량 속에서는 의외로 쉽게 도달하는 온도이기도 하다.

예민한 사람들은 와인 전체의 온도가 28℃ 이상으로 올라가면 그때부터 돌이킬 수 없는 변화가 시작된다고도 이야기한다. 이 경우에는 여름에 냉장 상태가 아닌 곳에 2~3시간 있는 것만으로도 와인 품질의 변화가 시작된다는 뜻이다. 하지만 이 온도에서는 와인을 장기 보관·숙성하는 능력만 떨어질 뿐 즉각적이며 직접적인 데미지는 없다고 판단하는 와인 연구자들이 더 많다.

열화된 와인은 높은 온도로 와인 속 공기와 와인의 부피가 늘어나면서 코르크가 살짝 튀어나오거나 와인이 코르크 밖으로 배어나오는 경향이 있다. 이런 상태에서 와인을 오픈했는데 와인에서 생기 있는 과일 향 대신 잼이나 끓인 과일 같은 향이 난다면 열화된 와인이다.

⁑ 온도 4~18℃, 어둡고 습하며 온도 변화가 없는 곳에 보관하라

이상적인 와인 숙성 환경은 내추럴 와인이든 아니든 같다. 4~18℃ 사이의 어둡고 습하며 온도 변화가 거의 없는 환경이다. 많은 사람은 와인 셀러의 온도 설정을 궁금해한다. 온도보다 중요한 것은 가능한 한 용량이 큰 와인 셀러를 선택해 온도 변화를 최소화해야 한다는 점이다. 온도가 급격하게 변하는 것은 그 자체로 와인에 충격을 준다.

와인 보관 온도는 4~18℃ 사이면 된다. 일반적으로 10~15℃

로 맞춘다. 4℃에 가까울수록 느리게 익고 18℃에 가까울수록 익는 속도는 빨라진다. 하지만 4℃에 가까울수록 최종적으로 와인이 익었을 때의 생생한 과일 향과 맛은 훌륭하게 보존되고, 18℃에 가까울수록 빨리 익힌 것 같은 느낌을 갖는다. 그래서 최고급 샴페인 와이너리나 아주 비싼 특급 와인 보관 서비스들은 수십 년간 보관할 와인들을 통째로 심해에 설치하곤 한다. 심해는 4℃의 온도에 빛이 완전히 차단되고 온도 변화도 거의 없기 때문이다.

단단한 와인을 빠르게 마시고 싶다면 18℃에 가깝게 세팅한다. 10℃ 보관에 비해 15℃ 보관은 25%, 여기서 다시 15℃ 보관에 비해 18℃ 보관은 25% 정도 와인이 빨리 익는다는 속설이 있다. 반대로 10℃에서 4℃로 갈 때는 2℃마다 25%씩 숙성이 느리게 된다는 속설이 있다. 하지만 앞에서 언급했다시피 온도가 요동치는 환경이 가장 나쁘다. 온도가 올라갈 때는 열 데미지를 받고, 반대로 온도가 급격히 내려가면 와인 속 유기산 등이 빠르게 결정화되는 등 와인 성분이 물리적·화학적으로 바뀔 염려가 있기 때문이다.

습도는 70~80% 정도로 높은 것이 좋다. 그 이상으로 높으면 코르크나 레이블에 곰팡이가 슬 염려가 있다. 반면에 습도가 너무 낮으면 코르크가 마르면서 와인의 수분을 코르크가 빨아들이는 경우가 생긴다. 이렇게 되면 와인 보관 과정에서 와인의 양이 점점 줄어들고, 그만큼 공기가 들어가면서 와인의 산화 속도가 빨라지고 변질이 우려된다.

채식주의자와 내추럴 와인

나는 채식주의자가 아니지만 주변에 채식주의자가 점점 늘어나고 있다. 채식주의자들은 그들의 신념에 따라 내추럴 와인을 선호하는 예가 많다. 그런데 내추럴 와인과 비거니즘은 완벽하게 대응되는 관계는 아니다.

비건 중에서는 단순히 꿀을 포함한 동물성 식재료를 금하는 사람들이 많지만 일부 비건들은 말이나 소가 쟁기질하는 등 동물의 노동력을 사용하여 만들어지는 식품도 거부한다. 비건은 크게 채식주의 비건과 동물권 비건으로 나뉜다. 채식주의 비건은 동물을 죽여서 만들어지는 식재료와 상품을 거부하는 사람들이다.

와인은 포도로만 만들어지는데 어째서 채식주의와 상관이 있는지 궁금해하는 사람들이 있을 것이다. 대부분의 컨벤셔널 와인은 물고기를 죽여서 만든 부레풀이나 달걀흰자로 청징 작업을 하고 제초제와 농약을 쓰는 과정에서 수많은 곤충과 동식물이 죽는다. 이런 일련의 과정이 채식주의자들에게는 매우 불편하여 받아들이기 어려운 일이다. 이런 점이 불편하다면 비건 인증이 있는 컨벤셔널 와인과 모든 내추럴 와인을 마시면 된다. 모든 내추럴 와인은 포도 재배 과정에서 농약과 제초제를 쓰지 않으며 포도 이외에 그 어떤 동물성 재료도 쓰지 않기 때문이다.

동물권 보호를 위해 비건 생활을 실천하는 사람이라면 컨벤셔널 와인이든 내추럴 와인이든 비건 인증을 따로 받은 와인을 마셔야 한다. 많은 내추럴 와인 농가에서는 포도 농사를 지을 때 소나 말에게 쟁기를 끌게 해 밭을 간다. 그러니 이 경우에는 오히려 컨벤셔널 와인에서 자신에게 맞는 와인을 고르는 게 빠르다. 포도 경작 과정에서 컨벤셔널 와인은 트랙터나 기계의 힘을 이용해 밭을 갈고 살균제와 제초제를 쓴다. 이 과정에서 동물에게 고통을 주거나 죽이는 일, 동물의 노동력을 사용하는 일은 없다. 엄격한 유기농과 비오디나미 농법을 사용하는 내추럴 와인의 포도 경작지에서는 오히려 말과 당나귀, 소가 쟁기질을 하는 경우가 많다. 아예 자연 방치 농법을 쓰거나 와인 메이커 자체가 비거니즘과 동물권 운동에 관심이 많아서 동물을 이용하지 않고 사람이 밭을 갈거나 또는 비건 인증을 따로 받은 와이너리의 와인을 선택해야 동물의 노동력도 쓰지 않는 비거니즘 와인이 될 수 있다.

또한 각국의 내추럴와인협회는 슬로푸드 운동과 밀접한 관계를 맺는다. 슬로푸드는 이탈리아의 카를로 페트리니Carlo Petrini가 시작한 운동으로, 각 나라의 전통 음식을 보존하고 발전시키자는 취지에서 시작되었다. 이어 품종을 보존하자는 취지의 '맛의 방주' 운동으로 발전했다. 맛의 방주는 상업적 이유에서 대량 생산에 불리하다고 도태되어 점점 사라져가는 각 나라의 토착 품종 동식물들을 보호하고, 그 토착 품종으로 만들어지는 음식들을 널리 알려 각 품종이 사라지지 않게 하며, 우리 모두 옛날부터 전해져 내려오는 각 지역의 음식들을 먹게 하는 멋진 운동이다. 우리나라의 앉은뱅이 밀, 오골계라고 잘 알려져 있는 오계, 향과 색과 맛이 특별한 고대미, 작고 천천히 자라지 만 꽉 찬 맛이 인상적인 재래 돼지 등 우리나라의 멋진 품종들 도 이 맛의 방주 운동과 함께하고 있다.

내추럴 와인 운동은 각국의 사라져가는 토착 와인 품종들을 보호하고, 다양한 와인 양조 방법과 문화를 보존하는 부분에서 슬로푸드 운동과 결이 맞닿아 있다. 그리고 각 지역의 토착 품종으로 만들어진 와인은 각 지역의 전통 음식과 빼놓을 수 없는 궁합을 보여준다. 우리 모두에게 술은 위대한 음식 문화의 일부이기 때문이다. 우리나라에서도 매콤한 낙지볶음에 소주, 홍어나 김장철 수육과 막걸리를 떼어 놓고 생각하기는 쉽지 않을 것이다.

내추럴 와인, 그 새로운 전통

〖 4 〗

펫낫, 샴페인 이전 스파클링 와인의 화려한 부활

내추럴 와인은 '힙한' 와인으로 여겨진다. 하지만 그 새로움은 대부분 불과 40~50년 사이에 사라진 전통의 부활인 경우가 많다. 물론 내추럴 와인 메이커들의 노력으로 이전에 없던 것들이 생겨난 경우도 많다.

내추럴 와인은 필연적으로 대량 생산이 불가능하기 때문에 오히려 와인 메이커 개개인이 장인 정신을 발휘하여 대량 생산이 불가능하다는 이유로 사장되어버린 오래된 와인 양조 기법들을 부활시킬 수 있었다. 어떻게 만들어도 기껏해야 수천 병 만드는 정도라면 손이 조금 더 많이 가고 한번에 대량으로 만들 수 없지만 독특한 맛과 향을 낼 수 있는 기술들을 적용하는 데 부담이 훨씬 적어지기 때문이다. 게다가 내추럴 와인에는 현대 과학이 별로 개입하지 않고 옛날 와인 양조법만을 사용할 것이라는 일부 사람들의 선입견과는 달리 내추럴 와인 양조자들 중 상당수는 생물학이나 화학을 배운 첨단 양조 기법의 장인들이다. 오히려 와인이 잘 양조되고, 반대로 와인이 시어지거나 변질되는 모든 방식을 잘 이해하고 있으니까 자연적인 방법으로도 완벽한 와인을 만들 수 있는 사람들이 많아진 것이다. 그러다 보니 과거의 기법을 다시 사용할 때도 여러 부분을 고려하여 더욱 발전시키고 개선한다. 또한 옛날엔 존재하지 않았던 완전히 새로운 스타일과 양조법을 만들어내기도 한다. 그리고 이 과정에서 생겨난 새로운 포도 재배와 와인 양조의 스타일들을 활발하게 컨벤셔널 와인 신에서 배워가는 일도 많다. 내추럴 와인의 발전이 모든 와인 세계에 신선한 충격을 주는 셈이다.

펫낫Pet-Nat은 프랑스어 페티앙 나튀렐Pétillant Naturel의 줄임말로 '자연스러운 거품'이라는 뜻이다. 샴페인 방식이 개발되기 전의 스파클링 와인 양조법을 복원한 와인이다. 펫낫이 처음 생긴 것은 실수 때문이다. 발효가 천천히 이루어진 와인이 발효가 끝나기 전에 추운 겨울이 오면 효모가 살아 있고 당도가 아직

남아 있는 채로 온도가 너무 낮아서 효모가 잠들고 발효는 멈추고 만다. 그리고 봄이 되어 발효가 다 끝났다고 생각한 와인을 병에 넣고 밀봉한 뒤 셀러의 온도가 오르면, 와인은 병 속에서 발효가 재개된다. 운이 좋으면 스파클링 와인을 마실 수 있게 되지만, 운이 나쁘면? 잡기만 해도 코르크가 터져나오게 되었다. 특히 중세의 조악한 유리 기술로는 코르크보다 유리병이 더 압력을 버티지 못해 갑자기 수류탄처럼 와인병이 터져버리기도 했다. 게다가 화이트 와인이건 로제 와인이건 레드 와인이건 발효가 멈추었다가 다시 일어나면 탄산이 생기니 이 당시의 펫낫 타입 스파클링 와인에는 화이트, 로제, 레드가 모두 있었다.

샴페인 역사와 과학에 대한 명저 『Uncorked: The Science of the Champagne(코르크를 따다, 샴페인의 과학)』에 따르면, 이러한 초기의 스파클링 와인이 처음 기록된 문서는 1531년 프랑스 카르카손 근처 생 힐레르의 베네딕트 수도사들이 만든 블랑케트 드 리무였다. 그리고 약 100년이 지나 상파뉴 지역에서도 이러한 펫낫 방식으로 스파클링 와인을 만들게 되었다. 이 시기의 프랑스에서는 탄산을 버틸 수 있는 튼튼한 유리병을 만들 수 없었다. 하지만 영국에서 처음으로 두껍고 균일하며 튼튼한 유리병을 만드는 기술이 생겨났다. 이후 영국의 과학자이자 의사인 크리스토퍼 메레가 1662년 영국 왕립 학회에 현재의 '샴페인 방식' 양조법을 자세히 설명한 논문을 발표한다. 화이트 와인을 만든 뒤 설탕을 추가하여 튼튼한 영국산 유리병에 넣고 밀봉하는 방식이었다. 그리고 그 몇 년 뒤 가톨릭 수도사 돔 페리뇽Dom Pérignon이 상파뉴에 파견된다.

돔 페리뇽이 상파뉴에 간 것은 와인 셀러 속의 '악마'에게 셀러지기가 공격당하거나 죽는 사고의 원인을 파악하고 악마를 제거하기 위함이었다. 당시에 가장 교육받은 사람들이었던 가톨릭 수사들은 와인 셀러에 악마가 있고 이 악마가 사람들을 해친다는 사실을 믿을 수 없었다. 그래서 돔 페리뇽은 상파뉴 지역의 와인 셀러를 조사했고, 그 결과 재발효로 탄산가스가 가득 찬 병이 폭발하는 사고를 사람들이 셀러 속의 악마로 오해했다는 것을 알게 되었다. 스파클링 와인을 만들려고 일부러 만든 것이 아니라, 상파뉴 지역이 겨울에 워낙 혹독하게 추운 고지대이기 때문에 겨울에 발효가 멈추자 와인 양조가 끝났다고 생각한 사람들이 사실은 발효가 덜 끝난 와인들을 병에 담아두었고, 효모와 당분이 남아 있는 이 와인들이 봄이 된 뒤 재발효가 일어나면 와인이 병 속에서 탄산 압력이 가득한 상태가 되었던 것이다. 그런데 17세기 때까지만 해도 유리는 입으로 불어서 만들어야만 했고 가격도 꽤 비쌌기 때문에 재료를 아끼기 위해 유리병이 지금보다 얇고 약했다. 그리고 코르크도 투박했다. 그래서 병 속에서 발효가 생겨 탄산가스 압력이 만들어진 와인병은 마치 수류탄처럼 언제 터질지 모르는 상태가 되었다. 그러다 보니 운 없는 와인 셀러지기가 일하다 와인병을 잡는 순간 병이 폭발하고 유리 파편이 박혀 사람이 죽거나 다치는 일이 종종 일어났던 것이다.

이렇게 와인 셀러 속에 '악마'가 있는 것이 아니라는 점을 알아낸 것이 돔 페리뇽의 업적이다. 당시에는 효모의 존재를 몰랐기 때문에 이러한 현상이 생긴다는 것은 알아도 이를 완전히 막을 수 있는 방법을 만들 수는 없었던 돔 페리뇽은 이 '탄산이 생긴 와인'이 꽤나 맛있다는 점에 주목했다.

이후 돔 페리뇽은 리무 지역이나 영국의 사례 같은 탄산이 있는 와인의 제법을 상파뉴 지역에 소개하고 또 반대로 탄산 재발효가 일어나지 않는 피노 누아 레드 와인을 만드는 방법도 연구했다. 특히 수도원의 저명한 학자인 돔 티에리 루이나르Dom Thierry Ruinart와의 공동 연구로 샴페인 방식을 상파뉴에 도입했다. 그리고 이 공적으로 '돔 페리뇽'과 '루이나르'는 각기 유명 샴페인의 이름이 되었다. 와인을 발효하다가 발효가 끝나지 않은 원액을 병에 넣어 나머지 발효가 병 속에서 일어나며 자연스럽게 탄산이 생긴 와인이 바로 지금의 펫낫과 같은 제법이고, 돔 페리뇽과 돔 티에리 루이나르가 영국의 방식으로 발효가 완전히 끝난 원액을 설탕과 함께 병에 넣어 두 번째 발효가 일어나게 한 것이 지금의 '샴페인 방식'이다.

19세기까지도 샴페인 지역에서 주된 스파클링 와인 생산 기법은 펫낫 방식이었다. 당분을 넣고 2차 발효하는 타입의 샴페인을 유리병이 버틸 수 있게 된 뒤에도 코르크가 버티지는 못해서 일일이 촛농 먹인 실로 코르크를 꽁꽁 묶어야 했기 때문에 안정적으로 대량 생산하는 데 어려움이 있었기 때문이었다. 1844년 '자크송' 샴페인으로 유명한 아돌프 자크송이 처음으로 코르크를 철사로 묶어 고정하는 '뮤즐렛' 방식을 발명했다. 처음의 뮤즐렛은 철사로 칭칭 묶어 만들기도 풀기도 어려웠지만, 곧 얇고 튼튼한 철사로 여섯번 반을 풀면 열 수 있는 과학적인 뮤즐렛이 개발되었고 지금까지 이어지며 샴페인 방식이 널리 쓰이게 되었다. 반면에 이 시점에서 펫낫 방식은 거의 사라졌다.

1980년대 시점에서는 오직 극소수의 와이너리만이 펫낫 방식의 양조법을 보존하고 있었다. 이탈리아에서는 콜 폰도Col Fondo(효모가 바닥에 가라앉아 있다는 뜻), 스페인에서는 안세스트랄레Ancestrale(옛 방식), 영국에서는 메소드 안세스트랄Method Ancestrale(옛 방식) 등의 표현으로 만들어지는 와인이 이 펫낫 방식이었다. 하지만 과학의 발전으로 펫낫은 내추럴 와인 신에서 화려하게 부활했다. 이제는 포도의 당도를 측정하여 어느 정도 당분이 남았을 때 병 속에 넣으면 어느 정도의 탄산이 생겨날지 정확히 알 수 있다. 또한 유리병도 매우 튼튼하며 맥주 병뚜껑 같은 크라운 캡은 병 속에서 압력이 변하는 것을 안전하게 받아줄 수 있게 되었다. 하지만 펫낫은 '대량 생산'에 알맞지 않은 와인이다. 원액의 당도가 정확히 같은 상태일 때 아주 빠르게 단 번에 병입을 마치지 않으면 와인병마다 탄산 강도나 맛과 향이 모두 서로 달라지고 병 속의 효모 양도 제각각이 된다.

만드는 데 손도 많이 가고 대량 생산도 어려운 펫낫을 왜 만드는 걸까? 이 방법이 아니면 만들 수 없는 독특한 맛이 있기 때문이다. 설탕을 넣어 두 번 발효하지 않기 때문에 펫낫의 알코올 도수는 8~11%가 일반적이어서 12~14%인 샴페인보다 훨씬 낮다. 발효의 마무리가 병 속에서 갇혀서 일어나기 때문에 양조 도중에 휘발되는 가벼운 향들이 병 속에 갇힌다. 그래서 더 상큼하고 가벼운 향이 많다. 요즘에는 효모 제거 작업을 통해 만들어지는 '맑은' 펫낫도 많다. 그러나 대부분의 펫낫은 효모를 제거하지 않아 뿌연 상태다. 그래서 마치 밀맥주나 막걸리처럼 구수하고 감칠맛 넘치는 효모 맛이 와인 맛과 함께 느껴진다. 덕분에 발효 음식과의 궁합이 매우! 매우 좋다. 치즈와도 좋지만 동남아 음식처럼 발효 생선 액젓이 들어가는 요리와도, 한·중·일 요리처럼 간장이나 된장, 식초 같은 발효 식품이 들어가는 요리와도 매우 잘 어울린다.

1980년대까지 미국과 유럽의 요리는 맛이 무거운 소스를 쓰고 두터운 맛을 중시했다. 하지만 1980년대 중반 이후로 서양 요리는 동양 요리 스타일을 받아들여 가볍고 신선한 재료들의 맛을 도드라지게 하고 소스에 좋은 식초와 발효된 재료들을 쓰기 시작했다. 그리고 예전처럼 무거운 요리들이 코스의 절반을 차지한다거나 하는 일도 거의 사라졌다. 지금은 아예 산뜻한 요리만으로 강약 조절을 해서 코스를 구성하는 일도 그리 파격적이지 않게 느껴진다. 그러다 보니 전 세계적으로 펫낫의 인기가 아주 올라가게 되었다. 전 세계적으로 내추럴 와인 카테고리 중 가장 판매량이 높은 분류가 펫낫이다. 심지어 어지간한 샴페인 하우스보다 인기와 명성이 높은 펫낫 생산자들도 많이 생겼을 정도이다. 그러다 보니 요즘엔 오히려 컨벤셔널 와인 양조자들이 펫낫을 생산하는 유행이 생겨버렸다. 농약을 친 대량 생산 포도로는 자연 발효가 어려우니 대량 생산 포도를 착즙해서 살균과 청징을 거친 후 배양 효모를 넣어 대형 발효조에서 발효하다가 당도가 남아 있을 때 기계로 아래위를 뒤섞어 한번에 대량 병입하고 병 속에서 발효를 마무리하는 방법이다. 이렇게 하면 내추럴 와인에서의 펫낫처럼 펑키하고 짜릿한 느낌은 없고, 마치 대량 생산 밀맥주처럼 효모 뉘앙스가 느껴지는 약한 탄산의 화이트 와인 같은 펫낫이 생산되지만 가격은 훨씬 싸질 수 있다.

펫낫이 전 세계적으로 유행하기 전까지는 수많은 컨벤셔널 와인계의 사람들은 내추럴 와인의 펫낫을 보고 샴페인도 아닌데 가격만 비싸다느니, 펫낫의 효모 향과 맛을 즐기는 사람들에게 좋은 샴페인을 경험하지 못해서 그렇다느니, 효모 향과 맛은 모두 잡내와 잡미라는 등 험담을 하곤 했다. 하지만 펫낫이 전 세계적으로 사랑을 받고 컨벤셔널 와인계까지 펫낫을 따라 해서 대량 생산을 해내고 나니 이제는 그 사람들이 오히려 펫낫은 내추럴 와인의 전유물이 아니라고 이야기한다.

세계 최고의 샴페인 애호가들이 가장 좋아하는 샴페인 하우스를 꼽으라면 거의 일순위에 올라가는 자크 셀로스Jacques Selosse는 프랑스 내추럴와인협회의 초대 회장까지 지낸 사람이다. 그는 명확한 내추럴 와인 메이커이며, 샴페인과 펫낫을 모두 즐기는 사람이다. 하지만 상파뉴 지역 법에 따라 1차 발효 시에 완벽한 내추럴 와인으로 샴페인을 만들었다고 해도 2차 발효는 정제 효모와 당분을 넣어 탄산을 만들어야만 '샴페인'이라는 이름을 쓸 수 있는 규정이 있다. 이것 때문에 내추럴 와인을 혐오하는 많은 사람들이 결국 정제 효모와 설탕을 넣었다면 '내추럴 와인'이 아닌 것이 아니냐며 자크 셀로스는 훌륭하지만 그의 샴페인은 내추럴 와인이 아니라고 비판했다. 결국 그는 이러한 다툼에서 손을 떼기 위해 이후로 그의 와인은 내추럴 와인이 아니라고 공식적으로 이야기하고, 내추럴와인협회에는 아직 속해 있지만 모든 직위를 내려놓았다. 심지어 그는 포도원 농사를 유기농 규정보다 훨씬 엄격하게 하지만 일부러 유기농 자격증 심사를 받지 않고 본인의 포도가 유기농이라는 말도 하지 않기 시작했다. 하지만 우리 모두는 알고 있다. 그의 샴페인은 명확히 내추럴 와인 방식으로 만들어져서 맛있다는 것을.

오렌지 와인, 인류 최초의 와인

'오렌지 와인'도 펫낫과 비슷하다. 오랜 전통을 가진 점, 내추럴 와인계에서 사랑받는 와인이라는 점, 컨벤셔널 와인계에서 오랫동안 무시하다가 전 세계가 사랑하니 따라 생산한 뒤 오렌지 와인은 내추럴 와인의 전유물이 아니라고 이야기하는 점이 그렇다.

오렌지 와인은 내추럴 와인 애호가들이 정말 좋아하는 와인이다. 청포도의 과즙을 짜내어 즙만 발효하는 화이트 와인과 달리, 청포도로 레드 와인을 만드는 것처럼 포도 껍질의 색과 맛과 향을 과즙에 우러내는 와인이다. 이 과정에서 화이트 와인보다 청포도의 맛과 향은 더 농축되며, 동시에 레드 와인 같은 탄닌과 구조감이 생겨난다. 화이트 와인보다 더 진한 색에서 이런 포도 껍질을 담근 청포도 와인을 '오렌지 와인'이라 부르게 되었다.

오렌지 와인은 인류가 처음 마신 와인에 속한다. 신석기 시대 와인 유적을 보면 아직 인류에게는 포도를 과즙만 정교하게 추출하는 기술이 없었기 때문에 으깬 청포도와 으깬 적포도를 껍질째 발효하여 오렌지 와인과 레드 와인만 마실 수 있었기 때문이다.

오렌지 와인은 아직 분류가 명확하진 않다. 그러나 나는 대략 네 가지로 분류한다.

첫째, 포도 껍질과 접촉한 화이트 와인(스킨 컨택트 화이트 와인),

둘째, 포도 껍질 냉침 타입 오렌지 와인

셋째, 오렌지 와인

넷째, 앰버 와인

⁑ 포도 껍질과 접촉한 화이트 와인(스킨 컨택트 화이트 와인)

엄밀하게 말하면 모든 내추럴 화이트 와인에는 아주 약간이나마 포도 껍질과 접촉한 뉘앙스가 있다. 내추럴 화이트 와인은 포도 껍질의 자연 효모로 발효를 일으키기 위해서 전통적인 압착기로 천천히 압착하여 초반 발효를 촉진하는 과정이 필요하기 때문이다. 하지만 포도 껍질의 맛과 향, 탄닌은 물에는 잘 녹지 않고 알코올에 잘 녹기 때문에 단순히 천천히 압착하는 것만으로 와인의 스타일이 극적으로 변한다고까지는 말하기 힘들다.

포도 껍질과 접촉한 화이트 와인 또는 스킨 컨택트 화이트 와인은 이보다 조금 더 나아가서 발효 초반에 반나절 정도의 짧은 시간 동안 포도 껍질을 담가 두어다가 꺼내는 것을 말한다. 이것은 새로 만들어진 방식이 아니며, 서늘한 기후 때문에 초반 발효가 힘든 대부분의 와인 산지에서는 원래부터 거의 모든 화이트 와인에 적용하던 방식이다. 포도 껍질과 오래 닿아 있을수록 껍질의 효모를 더 많이 받아들여 춥고 발효가 힘든 지방에서 안정적으로 발효가 일어나게 하는 데 도움을 받을 수 있기 때문이다. 하지만 컨벤셔널 와인 제법이 완성되고 나서는 포도를 살균하고 정제 효모를 더 많이 넣거나 발효조의 온도를 인위적으로 조절하면 되기 때문에 사라졌던 기법이었으나 많은 내추럴 와인 생산자들에 의해 훌륭하게 복원되었다. 상대적으로 탄닌은 거의 추출되지 않고 산화 뉘앙스도 거의 없으면서 깔끔하게 향만 몇 배로 농축된 것 같은 멋진 스타일로, 지금은 내추럴 와인을 만드는 거의 모든 지역에서 널리 생산되는 타입이 되었다.

⁑ 포도 껍질 냉침 타입 오렌지 와인

이 멋진 오렌지 와인은 알자스를 대표하는 내추럴 와인 명가 중 하나인 갱글링거Ginglinger에서 처음 개발한 후 많은 와이너리들이 그 뒤를 따랐다. 갱글링거의 방식은, 포도 가지는 전부 제거하고 포도 껍질만 쓰되 포도 껍질도 전량을 쓰는 것이 아니라 적당히 양을 조절해서 아주 거대한 티백 같은 주머니에 담아 겨울 동안 오크통이나 발효조에 넣었다가 꺼내는 방식이다. 이 방식은 낮은 온도에서 탄닌의 추출이 느려진다는 점과 알코올 발효가 진행된 후 색과 향이 더 많이 추출된다는 점이 결합하여 색과 향은 매우 강렬한 오렌지 와인이지만 탄닌은 조금만 추출되거나, 거의 나오지 않아 아주 상큼하면서도 진한 오렌지 와인이 된다는 특징이 있다. 특히 진한 청포도와 상큼한 열대 과일이 섞인 듯한 '모스카토' 향으로 유명한 뮈스카 품종이나 화려한 열대 과일 향이 향수처럼 나오는 것으로 유명한 게부르츠트라미너 품종의 경우 이 방식으로 양조하면 떫은맛은 거의 더해지지 않고 엄청나게 화려한 향을 즐길 수 있다는 장점이 있다. 또한 산화숙성을 할 수도, 안 할 수도 있어 무궁무진하게 다양한 타입의 오렌지 와인이 나온다. 이후 갱글링거의 방식을 따라 하는 생산자들이 포도 줄기를 쓰거나 포도 껍질을 통째로 쓰는 경우도 생기면서 스타일이 더욱 다양해졌다.

⁑ 오렌지 와인

오렌지 와인의 분류 중에서도 '오렌지 와인'만을 특정하면 명확한 스타일이 있다. 바로 화이트 와인과는 다른, 명확하게 진한 '오렌지색'이다. 로제 와인이 장미색인 것처럼 오렌지 와인도 색에서 따온 분류이다. 오렌지 와인이 오렌지색이 되려면 오랜 스킨 컨택으로 포도 껍질의 색상이 충분히 우러나오는 동시에 산화 숙성이 조금만 일어나거나 아예 이루어지지 않아야 한다. 이러한 타입의 오렌지 와인은 의외로 현대에 만들어진 것이다. 옛날에는 오랜 스킨 컨택을 하기 위해서는 필연적으로 산화 숙성이 일어났고 그로 인해 오렌지 와인은 전부 다음 파트에서 설명할 '앰버 와인' 타입이 되었기 때문이다. 산화 숙성으로 갈색이 되지 않은 진짜 오렌지색의 오렌지 와인은 스테인리스 스틸 탱크 등 현대 양조 기구가 생기고 나서 가능해진 스타일이다. 이런 오렌지 와인은 가볍고 상큼한 화이트 와인의 맛과 향도 간직한 동시에 적당한 탄닌도 있다. 그래서 오렌지 와인의 모든 타입의 특성을 두루 갖추고 모든 음식과 두루 어울리는 팔방미인이라는 장점이 있다. 반면에 오렌지 와인의 다른 타입들처럼 명확한 한 가지 개성이 있지는 않은 것이 단점일 수 있다.

앰버 와인

앰버 와인이야말로 인류 최초의 와인 스타일이다. 앰버(호박색)는 산화로 인해 오렌지 와인의 오렌지색이 갈색에 가깝게 된

색이다. 인류가 처음으로 와인을 정기적으로 생산해 마신 도구들과 와인을 보관했던 항아리, 말라붙은 와인 잔여물들이 유물로 발견되는 것은 약 8천 년 전, 토기가 처음 만들어지고 신석기 시대가 시작되던 때였다. 지금 존재하는 거의 대부분의 와인 양조용 포도 품종의 조상인 비티스 비니페라 종 포도는 당시에 이라크, 이란 등의 중동 지방부터 조지아, 슬로베니아 같은 동유럽, 포르투갈 같은 서유럽과 모로코 등 북아프리카까지 넓게 자생했다. 이후 신석기 시대를 거치며 이 포도나무를 재배하는 과정에서 각 지역마다 생육 환경의 차이에 따라 특징적인 포도 품종들이 생겨나고 지금까지 번성하게 되었다. 원래 비티스 비니페라는 검은색 포도였다. 가끔 유전자 돌연변이로 색소가 사라지는 청포도가 생겼는데, 이 청포도로 만든 와인이 검은 포도와인과는 다른 맛과 향을 내는 것 때문에 와인을 만드는 모든 나라에서는 청포도 품종을 따로 분리해서 와인을 만들었다.

신석기 시대에는 정교한 착즙기를 만들 기술이 없었다. 그래서 포도를 따면 점토 토기에 포도를 송이째 손으로 쥐어짜서 집어넣고 그대로 포도 껍질의 자연 효모로 발효했다. 그러면 포도의 줄기와 껍질이 항아리 위에 떠올라 와인이 산화되는 것을 어느 정도 막아주면서 발효가 일어났다. 하지만 포도 껍질만으로는 항아리가 밀봉되지 않기 때문에 와인은 어느 정도 산화된 상태로 만들어졌다. 이것이 레드 와인과 앰버 와인의 시초이다.

앰버 와인은 모든 오렌지 와인 종류 중 가장 탄닌이 강하고 맛과 향이 진하다. 포도 껍질과 과즙이 접촉하는 기간도 가장 길다. 하지만 이런 쓰고 떫은 탄닌 뉘앙스를 오랜 숙성을 통해 부드럽게 바꾸고 나면 모든 오렌지 와인 중 가장 오랫동안 보관이 가능하며 어떤 음식과도 잘 어울리는 고급스러운 맛으로 변하게 된다.

현재 이 앰버 와인 기법을 고전적으로 잘 유지하고 있는 곳은 조지아와 슬로베니아를 들 수 있다. 그리고 슬로베니아 기법에 현대적 양조 과학을 접목하여 누가 마셔도 놀랄 만한 명품을 만들어낸 곳이 바로 슬로베니아에서 강 하나를 건너 맞은편인 이탈리아 프리울리의 그라브너와 라디콘이다. 이 둘이 모두 슬로베니아계 이탈리아인으로서 이민자 출신이라는 점은 그래서 전혀 놀랍지 않다.

오렌지 와인은 현재 내추럴 와인 중 가장 인기가 높다 해도 과언이 아니다. 하지만 컨벤셔널 와인에서는 사라진 양조법이었던 이 오렌지 와인을 이제 수많은 컨벤셔널 와이너리에서 생산하고 있다. 그래서 지금은 "모든 오렌지 와인이 내추럴 와인인 것은 아니다."라고 말하게 되어버렸다.

컨벤셔널 와인에서는 대량 생산 오렌지 와인을 이렇게 만든다. 대량 생산 방식으로 화이트 와인을 만들면서 여기에 주 품종이나 블렌딩 품종으로 향이 매우 강한 포도 품종을 섞는다. 뮈스카나 게부르츠트라미너처럼 특히 열대 과일 향이 풍부한 품종을 쓰는 경우가 많다. 그래서 이 품종들의 포도 껍질을 따로 살균한 뒤(컨벤셔널 방식으로 재배한 포도의 껍질 속 자연효모는 충분히 건강하지도 않고 수가 많지도 않기 때문에 그대로 넣으면 와인이 부패하거나 발효하는 데 방해를 받을 수 있다) 발효조에 적당히 넣었다가 꺼낸다. 그러면 화이트 와인 맛에 모스카토 향이나 열대 과일 향이 꽤 강하게 녹아든 와인을 만들 수 있다. 발효조의 온도를 인위적으로 낮추면 탄닌은 거의 우러나오지 않게 할 수 있고, 반대로 인위적으로 높이면 탄닌이 강해진다. 컨벤셔널 와인이라도 내추럴 와이너리들만큼이나 사람 손을 많이 들이면 생산량은 적더라도 꽤나 그럴듯한 오렌지 와인을 만들 수 있다.

내추럴 와인에서의 오렌지 와인은 포도 껍질에서 유래한 자연 효모와 포도 껍질이 상호 작용하여 감칠맛과 구조감, 향이 모두 올라가지만, 컨벤셔널 와인에서는 포도 껍질과 과즙을 살균한 뒤 배양 효모를 쓰고, 필터링과 청징 작업을 거치기 때문에 효모의 맛과 향, 영향이 모두 줄어든다. 또한 일반적으로 산화 숙성을 전혀 하지 않으며 양조 과정에서 와인에 3~8번의 이산화황 살균을 진행한다. 그래서 와인에서 생기 있는 자연스런 맛을 느끼기 어렵다. 앰버 와인 타입은 거의 없으며 포도 껍질과 접촉한 화이트 혹은 오렌지 타입이 대부분이어서 다양성이 부족하다.

이 외에도 최근 로마네 콩티를 제치고 세계에서 가장 비싼 와인이 된 보르도 그라브의 '리베르 파테르Liber Pater' 같은 와인도 내추럴 와인의 암포라 숙성 전통을 따랐다. 샤토 라투르 같은 경우는 공식적으로는 내추럴 와인으로 불리는 것을 거부하지만 이산화황을 쓰지 않고 양조 기법 대부분을 내추럴 와인 방식으로 전환했다. 사실 도멘 로마네 콩티나 르루아, 하야스 같은, 누구나 세계 최고라고 말하는 와인들 대부분은 포도 재배와 와인 양조법에서 내추럴 와인과 거의 차이가 없다. 굳이 내추럴 와인으로 마케팅할 필요도 없고 굳이 논란이 될 이야기를 할 이유도 없는 등 여러 이유로 내추럴 와인 신에서 굳이 이야기하지 않는 것뿐이다. 하지만 내추럴 와인이 복원하고 만들어낸 수많은 포도 재배 기법과 와인 양조 기법을 어떻게든 컨벤셔널 와인 양조자들이 배우고 적용해 간다는 점은 내추럴 와인이 전체 와인 세계에 얼마나 큰 다양성을 가져오는지를 알려주는 부분이다.

이산화황은 죄가 없다

내추럴 와인 애호가들에게 가장 많은 왜곡된 인식으로 자리 잡은 것은 바로 이산화황일 것이다. 와인 애호가들 중 내추럴 와인을 마시지 않는 사람들이 내추럴 와인에 대해 갖는 선입견은 바로 '이산화황을 악마화하여 사용하지 않으며 중세 시대에나 마실 와인을 만들어 마시는 비과학적인 사람들이 만들기 때문'이다. 심지어 내추럴 와인 애호가들 중에서도 "이산화황 같은 몸에 나쁜 것이 없어서 건강상의 이유로 내추럴 와인을 마신다."는 이야기를 하는 사람들도 소수 존재한다. 하지만 이산화황은 그 자체로 나쁘지 않다. 오히려 와인 업계의 축복 같은 존재이다. 병입 시에 이산화황을 소량 사용하는 것은 내추럴 와인계에서도 인정할 정도이다. 하지만 많은 내추럴 와인 양조자들은 그것조차 거부한다. 그렇게 하는 데는 이유가 있다. 그래서 이산화황 이야기는 쉽지 않지만 자세하게 이야기해야 한다.

이산화황(SO_2)은 황(S) 원자 하나에 산소(O) 원자 두 개가 붙은 분자다. 이것은 황을 불에 태웠을 때 나오는 연기이다. 그래서 만들기가 쉽다. 이산화황은 고대 로마 시대부터 와인 오크통을 살균 소독할 때 쓰인 역사 깊은 살균제이다. 고대 로마인들은 황을 섞은 양초를 만들어 촛불을 오크통 속에 잠깐씩 넣어 놓는 방식으로 오크통을 살균했다. 이런 오랜 역사가 있기 때문에 유기농이나 비오디나미 농법에서도 이산화황을 '과도하게' 쓰는 것을 경계할 뿐 사용 자체를 금지하지 않는다.

이산화황의 다른 이름은 아황산가스이다. 독성 물질로 유명하고 대기 오염 물질로도 유명한 그것이다. 게다가 이산화황이 산소와 물과 접촉하면 그 유명한 '황산'이 된다. '음식에 황산이 들어간다니?!' 하는 이런 이유들 때문에 많은 사람들이 이산화황에 과도한 거부감을 갖곤 한다. 하지만 컨벤셔널 와인 중 이산화황이 가장 많이 들어가는 스위트 와인에서조차 1리터당 300mg이 들어갈 뿐이다. 이 양은 와인과 코르크 사이 아주 좁은 공간에 있는 공기에 아주 약간의 아황산가스를 생성하여 코르크 사이로 산소가 들어오는 것을 막고 와인을 보호해 줄 뿐, 그 안의 그 적은 양의 산소가 이산화황을 산화시켜 의미 있을 정도로 와인을 황산으로 바꾸는 것은 불가능하다. 와인을 병입할 때 이산화황을 최대한 사용한다고 해도 내추럴 와인 1리터당 30mg을 넣을 뿐이다. 이는 없는 것과 다르지 않다. 그러나 대부분의 내추럴 와인은 병입할 때에도 이산화황을 전혀 넣지 않는다.

이산화황은 와인의 색이 변하지 않게 하며 산화를 막고, 세균 오염이나 재발효를 막는다. 와인 양조 중에는 잡균의 살균(물론 자연 효모도 이 과정에서 살균된다)을 안전하게 할 수 있으며, 발효 전의 포도즙이 산화되는 것도 막아준다. 이런 효과가 워낙 뛰어나서 아주 소량으로도 충분하다. 게다가 생각보다 꽤 많은 양을 먹어도 인체에서 쉽게 분해되기 때문에 독성이 없다. 아황산가스 상태로 대량으로 코로 들이마시면 폐에 문제를 일으킬 수 있고, 황산 상태로 많은 양을 마시면 문제가 있지만 이렇게 흡입할 일은 전혀 없다. 굉장히 안전한 물질이고 아주 소량으로도 효과가 워낙 좋다보니 말린 나물이나 말린 과일에는 와인에 비해 100배 이상의 양이 쓰일 수 있지만 그럼에도 불구하고 극히 소량이 쓰일 뿐이며 우리가 나물이나 말린 과일을 먹으면서 걱정하지는 않는다는 점에서 와인에 들어가는 양은 정말 걱정할 필요가 전혀 없다는 것을 알 수 있다.

한국에서는 이산화황을 전혀 넣지 않은 내추럴 와인도 백 레이블의 성분표를 보면 '이산화황 함유'라고 적혀 있다. 이에 대해 굉장히 자주, 많은 문의를 받는다. 모든 효모는 발효 과정에서 극소량의 이산화황을 생성한다. 효모들이 다른 잡균들이 들어오면 그 균들을 죽이기 위해 이산화황을 소량 생성하기도 하고 단순히 발효 중 생기기도 한다. 이 정도의 양은 와인을 병입하고 숙성하는 과정에서 아예 불검출되거나 의미 없는 양 정도로 줄어든다. 하지만 한국의 식품의약품안전처 규정상 와인에 이산화황을 첨가하지 않았다고 표기하거나, 이산화황 함유를 표기하지 않은 상태인데 아무리 소량이라도 성분 검사에서 이산화황이 검출된다면 부정 식품이 되어 전량을 폐기하거나 반송해야 한다. 이러한 규정 때문에 거의 모든 내추럴 와인은 한국에 들어올 때 이산화황을 넣지 않았다는 표현을 스티커나 펜으로 지워야 하며, 백 레이블에 '이산화황 함유'를 적어야 한다. 실제로는 전혀 넣지 않았는 데도 말이다. 자연적으로 생성되는 정도의 이산화황 함량은 이산화황 알레르기나 천식이 있는 사람들에게도 전혀 악영향을 끼칠 수 없는 양이기 때문에 인위적 첨가 여부를 적을 수 있게 하거나 '이산화황을 쓰지 않았지만 자연적으로 극소량 생성될 수 있음'이라고 표기하고 식품 검사 시에 측정된 수치를 적어 넣는 것으로 제도를 개선하면 좋을 것 같지만, 일단 현재 대한민국 법이 바뀌지 않는 이상은 어쩔 수 없는 일이다. 천식 환자는 특히 이산화황을 조심해야 한다. 자연적으로 생성되는 양 이상의 이산화황을 흡입하면 발작이 일어날 수 있기 때문이다.

내추럴 와인에서는 발효 전의 포도즙이나 발효 중에 이산화황을 사용하는 것을 금지한다. 대부분의 내추럴 와인 와이너리는 이산화황을 아예 사용하지 않으며 일부 와이너리는 와인 병입 시에만 소량 사용한다. 내추럴 와인에서는 왜 와인 양조 중에 이산화황을 사용하는 것을 완전히 거부할까? 그런데 또 왜 와인을 병입할 때는 아주 조금 쓰는 것도 가능할까?

내추럴 와인에서 가장 중요한 것은 포도와 함께 자란 야생 효모가 와인을 발효한다는 점이다. 이 이야기를 이해하기 위해서는 현재 대량 생산되는 컨벤셔널 와인을 양조할 때 얼마나 여러 번 이산화황 처리를 하는지와 내추럴 와인 양조법을 비교해 볼 필요가 있다.

컨벤셔널 와인의 일반적인 양조법

1. 포도를 수확한다. 기계로 대량 수확을 하기 때문에 생각보다 불순물이 많이 들어간다. 포도 잎이나 가지가 섞여 들어가는 것은 보통이고, 새집이나 작은 야생 동물들이 끼여 들어가는 일도 많다. 반면 내추럴 와인이나 일부 고급 와인은 손으로 수확한 포도를 사용한다. 그 정도의 인건비를 가격에 포함시킬 수 없는 와인들은 기계 수확 후 포도를 컨베이어 벨트에 쏟고 사람 손으로 불순물을 제거한다. 아주 저렴한 와인은 바로 착즙기로 포도 전체를 넘기기도 한다. 포도 압착 전에 약간의 이산화황을 넣고 압착한다. 그러면 포도의 자연 효모와 잡균을 모두 살균할 수 있으며 과즙이 발효 전에 조금이라도 산화되는 것을 막을 수

있다. 대신 포도와 함께 자란 효모는 모두 살균되어서 자연 발효하는 것은 아예 불가능하다.

2. 과즙을 얻고 난 뒤 여기에 약간의 이산화황을 넣은 뒤 물고기 부레풀이나 달걀흰자, 벤토나이트 흙 등으로 맑게 청징 작업을 한다. 이 과정에서 대량으로 포도를 수확하고 착즙하느라 들어간 수많은 불순물들이 제거되며 자연 효모와 잡균들의 사체도 모두 사라진다. 아주 맑고 깨끗한 과즙을 얻을 수 있는데, 청징 작업 중에 효모가 먹고살 필수 영양소들도 상당량 손실될 수밖에 없다.

3. 맑아진 과즙에 배양 효모와 효모 영양제를 넣어 주고 온도를 조절해 가며 발효를 진행시킨다.

4. 발효가 끝난 와인에 다시 약간의 이산화황을 넣어 효모를 살균하고 잡균이 들어오지 못하게 한다. 그런 다음 필터로 거르고 청징 작업을 해서 맑은 와인을 얻는다. 일부 와인은 여기에 산미를 부드럽게하기 위한 말로락틱 발효 균을 넣어 다시 발효한 뒤 다시 약간의 이산화황을 넣어 살균하고 다시 걸러낸다.

5. 와인을 숙성한 뒤 병입한다. 이전의 이산화황들은 모두 분해되어 사라졌기 때문에 최종 병입할 때 넣는 이산화황이 와인

보존제 역할을 한다.

내추럴 와인의 일반적인 양조법

1. 포도를 손으로 수확한다. 포도가 잘 익었는지 확인하고 결점이 없는 포도를 눈으로 선별하여 하나하나 손으로 수확하니까 불순물이 들어가는 일이 거의 없다. 수확한 포도를 다시 사람 손으로 선별한 뒤 압착한다. 대부분 전통 압착 방식으로 낮은 압력으로 천천히 압착하는데 이러면 과즙이 나오는 효율이 낮아지지만, 더 향이 좋고 잡미가 적은 포도즙을 짤 수 있다. 그리고 천천히 압착하는 과정에서 과즙이 포도 껍질과 오래 맞닿으면서 자연 효모로 초반 발효가 촉진되는 효과도 있다. 하지만 천천히 압착하는 과정에서 포도즙이 공기와 오래 닿아 포도즙이 산화·변질될 위험이 있다. 수확량을 극도로 줄인 완숙한 좋은 포도는 포도즙 자체에 항산화 물질이 워낙 많아서 이러한 변질에도 강하다. 그래서 천천히 과즙을 짜고도 깨끗한 맛을 낼 수 있다. 포도 재배 실력이 와인 양조의 시작부터 큰 영향을 준다.

2. 과즙은 바로 발효조에서 천연 효모로 발효하게 된다. 알코올 발효가 끝나고 나면 포도 껍질 속의 천연 효모들 중 자연적

인 말로락틱 발효균들이 활성화되어 사과산을 젖산으로 바꿔 주는데 이 과정에서 날카로운 산미가 감칠맛 가득한 부드러운 산미로 바뀐다. 살균이나 인위적인 개입을 하지 않기 때문에 모든 내추럴 와인은 말로락틱 발효가 일어난다.

3. 발효조를 가만히 두어 효모를 가라앉힌 다음 맑은 윗물만 병입하거나, 일부러 효모가 함께 담기게 병입한다. 대부분의 내추럴 와인은 이 과정도 자연스럽게 하지만 일부 와인들은 병입 과정에서 극소량의 이산화황을 쓴다.

내추럴 와인의 방식과 컨벤셔널 와인의 방식은 스타일의 차이이다. 컨벤셔널 와인 양조자들은 와인이 산화되는 것을 극도로 싫어한다. 또한 와인이 변질되거나 원하지 않는 특성이 생기는 것을 매우 두려워한다. 그래서 정확히 계산된 스텝에 따라 와인을 만들어낸다. 덕분에 와인에는 양조적·화학적으로 '결점'이 생기는 것이 원천 차단된다. 하지만 그 과정에서 원래 와인이 가지는 생명력과 섬세한 매력은 어느 정도 잃어버릴 수밖에 없다. 컨벤셔널 와인을 잘 양조하는 사람들은 가장 인위적 개입이 많은 양조법에서 가장 내추럴에 가까운 양조법 사이에서 잘 줄타기를 해서 이 '양조적·화학적으로 결점이 없음' 상태를 유지하면서도 최대한 잃어버리는 매력을 줄이고, 그러면서 안전하고 생산량이 많아지는 것을 잘 계산하는 사람들이다.

반대로 내추럴 와인 양조자들은 '자연 효모와 토착 품종 그리고 테루아가 주는 생명력과 매력을 온전히 보존한다.'는 원칙을 가장 우선시하고 집중한다. 이 과정에서 내추럴 와인은 대량생산이 불가능하기 때문에 상업적으로 불리해진다. 또한 모든 스텝에서 양조적·화학적으로 많은 위험에 노출된다. 내추럴 와인을 잘 양조하는 사람들은 이 모든 위험을 다 이겨내고 놀라울 정도로 결점 없이 깨끗하고 섬세한 와인의 생명력을 보여주는 사람들이다. 그래서 컨벤셔널 와인이든 내추럴 와인이든 최고의 생산자들이 만든 와인은 서로 닮아 있다. 세계 최고의 와인들을 마시면 그중에 알게 모르게 내추럴 와인인 것들도 많거니와, 좋은 와인은 누가 마셔도 좋다. 하지만 그 최고가 아닐 때 무엇을 포기하느냐의 우선순위가 컨벤셔널 와인과 내추럴 와인이 확연히 갈리는 것이라고도 할 수 있을 것이다.

내추럴 와인 메이커들이 사랑하는 테루아의 온전한 표현, 와인 본연의 생명력과 섬세함을 지키기 위해서는 포도가 자란 땅에서 함께 자란, 그 테루아를 완벽하게 표현하는 좋은 효모가 와인 생산 전반에 온전하게 영향을 미치는 것이 꼭 필요하다. 와인 양조 중에 이산화황을 쓰면 필연적으로 포도와 함께 자란 그 효모가 모두 죽어버린다. 그래서 내추럴 와인 메이커들은 이산화황을 '와인 양조 중에' 쓰지 않는 것이다. 그 어떤 내추럴 와인 메이커도 이산화황이 건강에 나쁘다거나 독성이 있다거나 하는 이야기를 하지 않는다. 엄격한 내추럴 와인 메이커들 중 극히 일부는 자신의 와인을 증류한 브랜디로 오크통을 닦을 정도로 이산화황을 전혀 안 쓰기도 하지만 대부분의 와인 메이커들은 사용하고 난 오크통이나 암포라, 발효조를 닦고 살균할 때는 이산화황을 잘 쓴다. 와인의 발효와 숙성에 영향을 끼치는 요소가 아니기 때문이다.

와인을 병에 넣을 때 이산화황을 쓰는 것은 많은 장점이 있지만 딱 한 가지 단점이 생긴다. 먼저 장점을 말하자면, 이산화황은 아주 작은 양으로도 꽤 훌륭하게 와인을 안정화시킨다. 이

산화황을 넣으면 와인의 안정화도 조금 더 빨라지고, 리덕션도 심하게 오지 않게 된다. 와인이 병 내에서 재발효가 되거나 미세한 양의 잡균들이 영향을 끼쳐 숙성이나 유통 중에 브렛, 마우스가 생기는 일도 막아준다. 하지만 마치 생막걸리와 살균 막걸리에는 넘을 수 없는 차이가 생기듯 내추럴 와인의 생명력에는 아주 약간이지만 피할 수 없는 데미지를 입힌다. 어차피 컨벤셔널 와인은 양조 중에 이미 이런 생명력과 활력은 사라졌으니 병입할 때 이산화황을 넣느냐 넣지 않느냐는 의미가 없다. 그래서 다 사용하는 것이다. 라디콘이나 제롬 소리니, 패트릭 데플라, 라 소르가 등등 이산화황을 전혀 쓰지 않고도 아무 결점 없이 너무나 맛있고 너무나 완벽한 와인을 생산하는 생산자들의 와인을 마셔보면 와인에서 생기와 생명력이 넘치는 느낌을 받게 된다. 오직 그것을 위해 많은 내추럴 와인 메이커들은 수많은 위험을 감내하고 와인 병입 시에 이산화황을 쓰지 않는다. 리덕션이 생기면 오래 숙성해서 리덕션이 사라진 잘 익은 와인으로 마시면 되고, 브렛이나 마우스가 두려우면 포도 재배와 와인 양조를 더욱 완벽하게 해서 아예 애초에 결점이 없게 만들어 버리려 한다. 그건 너무나 고된 작업이고 그런다고 해서 대량 생산 와인을 만드는 것보다 돈을 더 많이 버는 것도 아니지만, 이들은 포도로 예술을 하는 사람들이다.

내추럴 레드 와인, 과즙미의 매력

모든 내추럴 와인 생산자는 와인의 맛은 '과일의 맛'이어야 한다고 생각한다. 발효에서 생기는 향도, 숙성에서 생기는 향도 모두 아름다운 와인의 요소지만 결국 와인은 '포도'로 만든 술이고 생생한 생명력 넘치는 과일의 향과 맛이 가장 중요한 요소라 여긴다. 그래서 내추럴 와인에서는 모든 스타일에서 과즙미 넘치는 '주시'함과 과일 향이 펑펑 터져나오는 '프루티'함에 집중하는 경향이 있다.

그런 이유로 매우 오랜 세월 동안 최고의 내추럴 와인 메이커들도 오크통을 쓸 때는 3년 이상 사용한 오크통만 쓰고 오크 향이 와인에 배지 않게 하는 경향이 있었다. 하지만 2020년을 기점으로 많은 내추럴 와인 생산자들이 새 오크통을 섞어 쓰거나 좋은 오크통 또는 아카시아 나무통처럼 특별한 향이 나는 나무를 쓴다.

와인의 숙성 이야기를 하면서 탄닌의 맛과 특징, 와인의 숙성에 끼치는 영향을 설명했다. 하지만 여기에 한 가지 또 중요한 요소가 있다. 탄닌은 그 기원에 따라 특성이 꽤나 달라지는 성분이라는 점이다. 탄닌은 단일한 물질을 부르는 용어가 아니라 단백질과 결합해 가라앉는 성질을 가진 다양한 폴리페놀 분자들을 통칭하는 말이기 때문이다. 와인에서 탄닌은 포도 껍질에서, 포도 송이의 줄기에서, 포도씨에서, 마지막으로 오크통을 비롯한 나무통에서 녹아날 수 있다. '오직 포도'를 외치는 극단적인 일부 내추럴 와인 양조자들은 오크통에서 녹아나는 탄닌조차도 와인의 '첨가물'이라 생각해서 맛과 향이 이미 다 녹아나와 와인에 영향을 거의 주지 않는 3년 이상 사용한 오크통만을 사용한다.

포도 껍질의 탄닌은 거의 대부분 축합형 탄닌(condensed tannin)이다. 포도 껍질의 색소들에 다른 폴리페놀이 결합해 만들어진 탄닌이 바로 축합형 탄닌이다. 이 탄닌은 떫은맛이 적으면서 부드럽고 시간이 지나면서 점점 서로 결합해서 더 부드럽고 풍만한 보디에 깊은 맛이 나게 하는 특징이 있다.

포도 줄기나 씨의 탄닌은 가수 분해형 탄닌(hydrolysable tannin)의 비중이 높다. 이쪽은 쓰고 떫은맛이 강하며 보디감을 아주 강력하게 주는 경향이 있고 와인이 익으면서 점점 부드러워지는 정도가 포도 껍질 탄닌보다 적다. 새 오크통에서 나오는 탄닌은 가수 분해형 탄닌이 거의 대부분이다. 하지만 말린 참나무 통 전체 무게의 5~10%가 탄닌일 정도로 오크통에 탄닌이 풍부하지만 포도씨나 줄기에 비해 와인에 접촉하는 면적에서 녹아날 수 있는 탄닌의 양도 적고, 특유의 오크 향이 부드러운 뉘앙스를 더하는 특성이 있다.

그래서 와인 메이커들은 와인 양조법을 다양하게 써서 탄닌의 총량과 탄닌의 종류를 다르게 하는 방식으로 같은 포도로도 완전히 다른 다양한 특징을 와인에서 보여줄 수 있다. 탄닌은 알코올에 잘 녹기 때문에 포도 껍질을 와인에 담가놓는 시간이 길면 길수록 알코올 발효가 진행되며 알코올 도수가 높아진 원액이 껍질에 닿아 더 많은 탄닌이 녹아 나온다. 포도씨는 온전한 상태에서는 씨 표면이 얇은 막에 덮여 있어 탄닌이 많이 녹지 않지만 강하게 압착하여 씨를 살짝 부수면 엄청난 양의 탄닌을 녹일 수 있다. 반면에 포도씨의 쓰고 떫은맛이 와인의 섬세함을 가리기 때문에 과즙이 덜 추출되더라도 포도씨가 전혀 안 깨지게끔 압착 압력을 낮게 하는 경우도 많다.

오크통은 새 오크통에서는 많은 양의 탄닌이, 1년 사용한 오크통에서는 적은 양의 탄닌이 녹아나는 식이며, 3년 이상 사용한 오크통에서는 탄닌이 거의 우러나지 않는다. 가격이 저렴한 컨벤셔널 와인에서는 포도 껍질에서 추출한 탄닌 가루나 참나무 칩, 참나무 가루를 넣고 휘저어 탄닌을 녹여내기도 한다.

대다수 내추럴 와인 메이커는 와인에서 포도와 과일의 캐릭터를 가장 중요하게 생각한다. 각 품종의 맛과 향을 각 테루아에 맞게 그대로 보여주는 것을 매우 중시한다. 그러다 보니 진하고 묵직한 품종을 진하고 묵직하게 보여줄 때도 있지만 우리 모두 진하고 묵직하다고 생각하는 품종으로 아주 과즙미 넘치는 가벼운 와인을 만들 때도 많다. 말벡의 원산지인 보르도 남쪽 카오르Cahor 지역의 많은 내추럴 와인 생산자들이 진하고 묵직한 말벡에 더불어 마치 보졸레 누보처럼 가볍고 주시하지만 말벡 특유의 향은 모두 가진 재미있는 와인을 만들어내기도 하고, 론이나 랑그독 루시옹처럼 무더운 동네의 시라, 그르나슈Grenache, 카리냥Carignan 같은 진하고 묵직한 품종으로 살짝 탄산감 있고 산뜻하게 가벼운 맛이지만 향은 과실 향 가득한 와인을 만들어내기도 한다. 호주의 쇼브룩이나 루시 마고, 스페인의 바란코 오스쿠로 같은 생산자들은 또 진한 품종으로 진하게도, 주시하게도 만들어내는 명생산자들이다.

이런 와인이야말로 해당 품종의 캐릭터를 '그대로' 보여주는 진짜 품종 & 테루아 와인이지만 각 품종과 지역의 대량 생산 와인들을 테이스팅하며 공부했던 사람에게는 오히려 이런 품종과 테루아 특징이 생소하게 느껴지기도 한다. 실제로 많은 소믈리에들이 '내추럴 와인은 품종 특징이나 테루아 특징을 무시한다.'는 오해를 하곤 한다. 이 오해에 내추럴 와인 경험이 많지 않은 것이 더해지면 심지어 '내추럴 와인은 블라인드 테이스팅이 불가능하다.'는 선입견에까지 이르기도 한다. 하지만 그렇지 않다. 오히려 컨벤셔널 와인이 해당 품종의 품종 그대로의 맛을 보여주는 양조법들을 전부 무시하고 대량 생산 가능한 양조법을 쓰는 바람에 더운 지역의 포도 품종들은 더운 테루아에서의 포도 맛 그 자체를 보여줄 기회를 잃은 것에 가깝다. 반면 내추럴 와인은 더운 빈티지에는 명확히 알코올 도수가 올라가고 와인의 향과 맛도 더 더운 지역 과실 풍미가 가득해지며 유질감이 늘어나고 보디가 묵직해지고 탄닌이 잘 익은 맛이 나는 등 테루아와 빈티지의 반영이 더 정확하다.

이런 내추럴 와인들이 많기 때문에 어떤 사람들은 내추럴 와인은 풀 보디한 진하고 묵직한 와인이 없다는 오해를 하기도 한다. 하지만 그 또한 잘못된 오해일 뿐이다. 프랑스 남부 포제르의 전설적 와이너리 레옹 바랄은 상대적으로 유명하지 않던 포제르 마을에, 이 와이너리의 와인에 AOC 등급을 부여하기 위해 화이트, 레드, 브랜디 모두 포제르 AOC를 만들었다는 거짓말 같은 전설이 있는 와이너리이다. 이곳의 화이트 와인과 레드 와인은 모두 진하고 묵직하게 맛있다. 이탈리아와 프랑스 사이 사르데냐 섬의 전설적인 와인 메이커 지오반니 몬티시는 자연 효모로는 알코올 도수가 한계까지 높고 진한 와인을 만들 수 없다는 사람들에게 "나는 된다."라고 말해 바보 멍청이라는 답변을 들었다. 그리고 그의 전설적인 와인 바로수와 바로수 리제르바는 빈티지에 따라 자연 효모로 16%까지도 알코올 도수가 올라가면서 전혀 찐득한 잔당 없이 세상 가장 묵직한 풀 보디 와인인 멋진 와인이다. 수십 년 이상 장기 숙성 가능한 것은 당연한 이야기이다. 그의 '바로수'라는 와인 이름이 바로 그에게 불가능하다고 놀렸던 사람들이 사르데냐 사투리로 '바보 멍청이'라 불렸던 단어를 그대로 와인에 붙인 통쾌한 복수이다.

조지아와 슬로베니아는 또 어떤가? 슬로베니아는 전통적으로 모든 화이트 와인이 진한 탄닌의 풀 보디 오렌지 와인이며 레드 또한 그렇다. 다만 뉴 오크를 잘 쓰지 않고 포도 자체의 무게로만 묵직한 멋진 장기 숙성형 와인이 나온다. 조지아는 풀 보디함과 묵직함에 있어서 또 다른 극단적인 타입이다. 신석기 시대부터 내려오는 양조 방식을 그대로 지키기 때문이다. 청포도든 검은 포도든 발로 밟거나 수동 압착하여 큐베브리라는 이름의 토기 양조통에 넣고 땅에 묻은 뒤 오랜 시간 발효와 숙성을 거쳐 꺼낸다. 포도 껍질과 씨, 효모가 뒤섞인 고체를 '챠챠'라

부르는데, 이 챠챠가 완전히 가라앉아 와인이 맑아진 뒤에 꺼내어 병에 넣는다. 이 과정에서 포도 속의 모든 색과 맛, 향이 아주 진하게 와인에 녹아나기 때문에 전통적인 조지아 와인들은 가장 강렬한 탄닌과 가장 강렬한 맛과 향이 있다. 그런데 이 탄닌의 대부분이 포도 껍질 탄닌이기 때문에 장기 숙성을 거치고 나면 섬세하게 부드러워진다. 그래서 조지아 와인을 좋아하는 사람들은 일부러 한 종류를 여러 병 구해 놓은 뒤 2~3년마다 한 병씩을 마시는 방식으로 어릴 때의 강렬한 맛과 잘 익은 섬세한 맛 모두를 즐긴다.

20세기 중반 이후 많은 사람들이 좋은 새 오크통을 사용하여 숙성한, 오크의 진하고 깊은 탄닌과 고소하고 다양한 오크통의 향기가 배어든 화이트 와인과 레드 와인을 선호하는 경향이 생겨났다. 반면에 내추럴 와인 생산자들은 예전에 각 지역에서 새 오크통을 사용하는 전통이 있었더라도 가능한 한 새 오크통을 배제하고 포도 자체에서 유래한 맛과 향, 탄닌으로만 승부하는 경향이 매우 컸다. 그러나 21세기 들어 내추럴 와인의 명가들이 가격이나, 기존 와인 평론가들의 평가에서도 컨벤셔널 와인 신의 최고가 와인들과 경쟁할 정도로 훌륭한 와인들을 생산해 내면서 판이 바뀌기 시작했다. 너무 과도하게 새 오크통을 쓰는 정도는 논외로 하고, 섬세한 향의 좋은 유럽 오크통을 새것으로 섞어 쓰거나 하는 방식으로 세계적인 유행에 더 맞게, 기존 와인 애호가들에게도 어필할 수 있는 와인을 만들어 달라고 하는 소비자들의 요구가 생겼다. 또 히샤 르후아Richard Leroy(또는 리사르 르로이)나 클로 후자Clos Rougeard(또는 클로 루자르) 같은 와이너리의 경우 이미 내추럴 와인과 컨벤셔널 와인을 가리지 않고 지역 최고의 와이너리 중 하나가 된 상태에서 최고의 오크를 써서 세계 최고라 불리는 다른 와인들과 경쟁하고 싶어 하는 욕구가 생겼다.

세계 최고의 오렌지 와인 메이커 라디콘은 사실 레드 와인에서도 톱 생산자이다. 라디콘의 레드 와인 중 최고위 와인인 메를로 20은 가장 오래된 올드 바인 메를로만 엄선한 뒤 최고의 빈티지에만 생산하는 한정판 와인이다. 이 와인은 오래된 오크통에서 20년간(!!) 숙성시켜 마시기 가장 적기일 때 출시하는 것으로도 유명하다. 최근 빈티지가 2018년 출시된 2007 빈티지였을 정도이다. 이 와인은 하도 오래 오크 숙성을 하다 보니 오래된 오크통을 썼음에도 섬세하고 깊은 오크 향이 인상적인 와인이다. 심지어 몇 번이나 세계에서 가장 비싼 메를로 품종을 메인으로 쓰는 와인인 도멘 페트뤼스와의 블라인드 테이스팅에서 이기기까지 했다. 이런 성과에 자극받아 점점 초장기 숙성의 뉴 오크를 쓴 내추럴 특급 와인들이 생겨날 예정이다.

이미 수많은 지역에서 수많은 품종으로 모든 종류, 모든 타입의 와인에서 세계 정상급 와인과 경쟁하는 내추럴 와인들이 등장했지만 조금만 더 지나면 뉴 오크 풍미의 풀 보디 레드 와인에서도 두각을 나타내는 내추럴 와인이 많이 등장할 것이다. 벌써부터 큰 기대가 된다.

발효조와 숙성, 다양한 재질이 주는 개성

좋은 와인을 만드는 데에 가장 중요한 것이 건강하고 맛과 향이 잘 농축된 포도 그리고 좋은 효모라면, 바로 그다음으로 중요한 것은 양조가 진행되는 발효조이다. 내추럴 와인에서는 인공적으로 온도가 조절되는 발효조를 사용하거나 미세 산소 투과 등 강제로 와인을 산화시키거나 숙성시키는 양조법 대부분을 사용하지 않는다. 이것은 천연 효모가 자연적인 방식으로 천천히 발효하고 와인이 계절을 거치며 천천히 자연적으로 숙성되어야 시간이 더 오래 걸리더라도 더 훌륭한 맛을 내기 때문이지 과학적 성과를 거부하는 것이 아니다. 아무리 좋은 김치 냉장고가 있더라도 결국 땅속에서 겨울을 나는 동치미만큼 맛의 다양성을 충분히 가지면서 완벽한 상태로 발효 숙성되는 동치미는 있기 어려운 것과 마찬가지이다.

높은 온도에서 빠르게 발효하거나 반대로 엄청나게 많은 양의 와인을 빠르게 발효하느라 발효열로 와인이 익어버리는 것을 막기 위해 냉수 호스를 와인 속에 돌려 온도를 낮춘다거나, 미세한 산소 방울을 넣어 마치 오래 숙성한 와인 같은 흉내를 내는 것은 가성비 좋게, 빠르게, 대량으로 와인을 팔기 위함이지 가장 정성 들여 최고의 와인을 만드는 방법은 아닌 것이다.

내추럴 와인 양조자들은 다양한 발효조의 특성을 적극적으로 이용한다. 유리 섬유 발효조, 환경 호르몬 등이 없는 안전한 플라스틱 발효조, 스테인리스 스틸 발효조, 내부를 코팅한 콘크리트 발효조처럼 현대에 탄생한 재질과 제법의 발효조를 전혀 거부하지 않는다. 내추럴 와인은 포도 재배와 와인 양조에서 과학적 성과를 거부하는 운동이 아니다. 대량 생산과 수익성을 위해 잊히고 사라져간 다양한 와인 스타일을 보존하고, 새로운 와인 스타일을 만들어나가되 그 방식이 건강한 포도와, 포도 열매와 함께 자란 자연 효모를 사용하여 발효하는 타입으로 만드는 운동이다.

3년 이상 사용한 오크통은 오크 향이나 맛, 탄닌이 와인에 잘 배어나지 않는다. 그래서 와인의 맛에 큰 영향을 주지는 않는다. 오크통은 참나무의 결마다 아주 미세한 세포 사이의 공간이 있고 그 때문에 와인의 양조와 숙성 중에 와인이 '천사의 몫(Angel's share)'이라 하여 증발하는 양이 생기기도 하고, 그로 인해 미세한 농축이 생기는 동시에 미세한 공기가 통 속으로 들어오면서 조금씩 산화 숙성 풍미가 생기기도 한다. 아주 오래 사용한 오크통은 점점 와인 속의 주석산이나 탄닌, 색소 등이 통의 미세한 구멍들에 스며들어 굳으면서 점점 이러한 효과도 줄어들게 된다.

유리 섬유 발효조나 스테인리스 스틸 탱크 같은 경우에는 산소를 잘 차단하고 과실 풍미가 날아가지 않게 섬세하고 깨끗하게 발효와 숙성이 이루어지게 하는 장점이 있다. 반면에 은은한 산화 숙성 풍미가 생기지는 않는다. 컨벤셔널 와인에서는 이러한 발효조에서 온도 조절 기능을 써서 대량 생산도 가능하지만 내추럴 와인에서는 이런 발효조는 크기를 크게 키울 경우 발효 중에 생기는 열이 발효조에 갇혀 와인에서 익은 맛이 날 수 있다. 그래서 규모를 작게 가져간다.

콘크리트 발효조는 시멘트 콘크리트로 땅속에 묻은 두껍고 큰 발효조를 만든 다음 내부에 오래된 싸구려 와인을 넣어 시멘트와 와인이 화학적으로 반응하여 두꺼운 피막이 생기게 한다. 주석산 결정이 내부에 맺히면서 와인과 시멘트가 서로 닿지 않게 되기도 하고, 내부에 타일을 촘촘히 붙인 다음 코팅을 해놓기도 한다. 콘크리트 발효조는 컨벤셔널 와인에서나 내추럴 와인에서나 진하고 무거운 장기 숙성형 레드 와인을 만들 때 많이 쓰는 방식이다. 땅속 깊이 묻혀 있는 모양새이기 때문에 우리나라에서 김장독을 깊이 파묻듯이 일 년 내내 온도가 일정하게 유지되며 발효 중에 생겨나는 열도 두터운 콘크리트와 주변의 흙이 열을 빨아들이며 자연스럽게 온도를 조절해 준다.

대형 토기 발효조는 신석기 시대부터 써오던, 인류가 와인을 처음 마실 때부터의 양조통이다. 그리고 이 방식은 지금도 개성이 가득하고 유용하다. 그리스와 유럽에서는 암포라Amphora, 스페인에서는 티냐하Tinaja, 조지아에서는 크베브리Kvevri, Qvevri라고 하는 등 여러 이름이 있다. 토기 발효조는 우리나라로 치면 토기나 유약을 바르지 않은 질그릇에 해당하는 것이다. 이 토기는 지역마다 어떤 흙을 쓰느냐에 따라 마치 포도의 테루아처럼 와인에 전달하는 미네랄리티가 크게 달라지게 된다. 시칠리아의 붉은 화산토를 쓰면 철분 뉘앙스와 스모키한 화산 테루아가 와인에 더해진다거나 석회 성분이 풍부한 조개껍질 화석이 들어 있는 흙을 메인으로 쓰면 짭짤한 바다 뉘앙스의 미네랄리티가 더해진다거나 하는 식이다. 그리고 800℃를 기준으로, 온도가 낮게 구워질수록 항아리 속의 미세한 구멍이 크고 많아진다. 그래서 산화 숙성이 잘되지만 와인이 새어 나오는 위험이 커지기도 하고 증발량도 더 많아져서 장기 숙성에는 적절하지 않다.

온도가 높아지면 높아질수록 항아리가 점점 매끈해지면서 산화 숙성 없이 깨끗하게 발효되는 특성이 생기지만 항아리가 단단하고 매끄러워지면서 미네랄을 잘 녹여내지 못하게 된다. 이외에도 낮은 온도에서 구운 항아리의 바깥쪽 겉면만을 코팅하여 미네랄 테이스트는 강하게 가져가면서 산화도 이루어지지 않고 증발도 일어나지 않게 하는 경우도 생긴다.

일반적으로는 포도가 자란 테루아의, 같은 마을 흙을 써서 테루아 특징을 두 배로 강력하게 담는 방식이지만 가끔씩 개성이 강한 다른 동네의 암포라를 가져다 써서 다른 개성이 한 와인에 담기게 하는 경우도 있다. 어느 쪽이든 매력적이다. 그래서 암포라 양조와 숙성법은 각 암포라의 흙 테루아와 구운 온도 등에 따라 굉장히 다양한 풍미를 와인에 녹여낼 수 있다. 8천 년 전부터 지금까지 유용하게 쓰이는 이유가 바로 이것이다.

최근에는 체코의 밀란 네스타레츠를 시작으로 많은 내추럴 와인 명가들이 섬세한 화이트 와인이나 오렌지 와인을 장기 숙성할 때에 아카시아 나무통을 쓰기도 한다. 아카시아 배럴은 와인에 오크통처럼 강렬하게 개입하지는 않으면서도 아주 은은하게 레몬과 허브 향, 흰 아카시아 꽃 향과 은은한 유질감, 보디감을 준다. 컨벤셔널 와인에서는 캘리포니아처럼 더운 지역의 소비뇽 블랑 품종을 아카시아 통에 담아서 너무 더운 지역의 느낌을 상쇄시키는 가벼운 레몬과 허브, 꽃향기를 주는 데 쓰이기도 한다.

내추럴 와인에서는 흰 꽃 향기와 섬세한 레몬, 허브 향이 더해지는 덕에 아주 섬세하고 가벼운 화이트 와인이나 오렌지 와인을 더욱 섬세하고 아름답게 만들어주기도 한다. 반대로 밤나무를 쓰면 와인에서 도토리나 밤 속껍질의 보늬 같은 강렬한 탄닌과 풍미를 더해 주는데, 이런 뉘앙스를 쓰는 생산자들도 조금씩 늘고 있다.

다양성에 대한 끊임없는 도전, 내추럴 화이트 와인이 한다

내추럴 와인에서 화이트 와인은 유난히도 새로운 시도가 많은 장르이다. 레드 와인을 발효하고 난 효모를 넣어 숙성하는 방식으로 감칠맛과 과일 향을 더하거나, 블랑 드 누아 방식으로 레드 품종을 포도 껍질이 깨지지 않도록 부드럽게 눌러 향이 화려하고 보디가 아주 묵직한 화이트 와인을 만들거나 반대로 청포도 주스에서 단맛만 뺀 것 같은 가벼운 타입을 만들기도 한다.

컨벤셔널 와인에서 레드 와인이 화이트나 스파클링, 로제보다 압도적으로 인기가 많은 것에 비해 내추럴 와인에서는 화이트, 오렌지, 스파클링, 로제가 오히려 레드보다도 더 애호가가 많다. 또한 컨벤셔널 와인에서 전 세계 화이트 와인들이 샤도네와 샤도네가 아닌 소수의 와인들로 나뉘는 것과는 달리 내추럴 와인에서는 전 세계 각 지역의 토착 품종들과 그 품종들의 오랜 양조법들을 모두 살리기 때문에 획일적이지 않은, 굉장히 신기하고 새로우며 훌륭한 화이트 와인들이 많이 생산되고 있다.

1세대 내추럴 와인 생산자인 도멘 피에르 오베르누아와 도멘 라베가 쥐라 화이트 와인의 혁명을 일으킨 지도 30년이 넘었다. 모든 화이트 품종을 산화 숙성했던 쥐라에서 깨끗하고 섬세한 화이트와 고소한 견과류 향과 위스키 향 가득한 풀 보디한 산화 숙성 화이트가 공존하게 만든 것도 내추럴 와인 양조자의 새로운 도전 덕분이었지만, 스페인 헤레즈와 프랑스 쥐라 등 몇몇 지역에서만 가능했던 수 부알Sou Voile 산화 숙성 방식을 전 세계의 서로 다른 품종에 접목시키는 도전을 성공시킨 것도 내추럴 와인 양조자이다.

컨벤셔널 와인 양조에서 물롱 드 부르고뉴 등 몇몇 품종은 일부러 효모를 저어가며 오래 숙성하여 효모 향과 감칠맛을 화이트 와인에 진하게 녹여내곤 했다. 내추럴 와인 중에도 이런 오래된 방식을 화이트 와인에 쓰는 경우도 많지만, 아예 효모를 대량 와인병에 같이 담아 병 속에서도 함께 숙성되게 하는 경우도 있다. 이렇게 하면 화이트 와인의 과실 향은 조금 줄어드는 반면에 감칠맛과 이스트 향과 갓 구운 빵 향이 더해지면서 반주용으로 아주 좋은, 마치 좋은 사케의 뒷맛 같은 맛이 더해진 화이트 와인이 되기도 한다.

암포라 토기를 이용하여 오렌지 와인이 아니라 화이트 와인을 만들면서 은은한 산화 뉘앙스와 각 암포라의 원료인 흙에 따라 서로 다른 테루아 뉘앙스를 화이트 와인에 더하기도 한다. 철분이 많은 붉은 테라코타로 만든 암포라에 숙성하여 마치 보르도 우안의 레드 와인 같은 철분 뉘앙스가 더해진 화이트 와인 같은 경우는 내추럴 와인이 아니면 만나볼 수 없는 장르이다. 또한 화이트 와인은 포도 품종의 '과일 향'이 가장 깨끗하게 반영될 수 있는 장점이 있다. 오렌지 와인이나 로제, 레드 와인에서는 포도 껍질 향에 포도 과육과 과즙의 향이 가려질 수 있는 반면 화이트 와인에서는 과육과 과즙의 과일 향이 가장 순수하게 반영될 수 있는 것이다. 이것이 내추럴 와인 특유의, 수많은 멸종 위기 품종이나 각 지역의 희귀 품종들과 결합해서 전 세계 어디에서도 만날 수 없는 독특한 향과 풍미를 가진 와인이 되기도 한다. 이런 와인들을 마시는 것도 '와인의 다양성' 측면에서 정말 큰 기쁨이다.

내추럴 와인의 힙함과 장인주의

〖 5 〗

내추럴 와인은 상반된 두 가지 이미지를 동시에 갖는다. 하나는 힙하고 현대적이며 젊은이들이 마시는 와인, 다른 하나는 장인들이 모여 가장 전통적인 방식으로 만드는 와인이라는 이미다. 이 상반된 이미지가 어떻게 내추럴 와인이라는 한 요소에서 강력하게 발현될 수 있을까?

‘농부의 와인’은 칭송이며 자부심

컨벤셔널 와인계에서 1980년대부터 내추럴 와인을 비판한 이유는 이것이 ‘농부의 와인’이라는 점이었다. 반대로 내추럴 와인계에서 내추럴 와인을 자랑스러워하던 이유도 역시 ‘농부의 와인’이라는 점이었다. 컨벤셔널 와인에서는 1980년부터 2000년대까지도 내추럴 와인을 끊임없이 깎아내리며, 시골의 농부들이 만든 상업적인 가치가 전혀 없는 와인이라 평가했다. 당시부터 내추럴 와인을 만들어온 1세대 레전드 와이너리들이 현재 얼마나 비싼 와인을 생산하고 있으며 많은 존경을 받는 와이너리가 되었는지를 생각하면 격세지감이 들 뿐이다. 컨벤셔널 와인계에서 내추럴 와인을 ‘농부의 와인’이라는 공격을 시작할 때부터 내추럴 와인 메이커들은 이 공격을 자랑스럽게 생각했다.

그들은 "우리는 농부이며, 농부가 피땀 흘려 기른 가장 좋은 포도를 있는 그대로 표현하는 것이 우리 농부의 와인이다. 그리고 그것이 진짜 와인이다."라는 것이 내추럴 와인의 모토였다.

상업적 와인이 나쁜 것은 아니다. '판매'되는 모든 와인은 내추럴 와인이든 컨벤셔널 와인이든 '상업적' 와인이다. 하지만 상업주의에 매몰되어 가치 있는 것들이 '사라지는' 것은 슬픈 일이다.

2018년은 프랑스 전역이 아주 뛰어난 빈티지였다. 하지만 밀듀Milldew 병이 아주 살짝 포도에 돌았다. 밀듀는 고대 로마 때부터 썼던 보르도액이라는, 구리와 석회를 섞은 물을 살짝 뿌리는 것만으로도 퇴치가 가능한 질병이다. 이 보르도액은 포도와 함께 자라는 자연 효모에 거의 데미지를 주지 않으며 예로부터 1천 년 이상 안전하게 써왔기 때문에 내추럴 와인의 포도 재배에 써도 되는 약이기도 하다. 하지만 2018년에 루아르의 제롬 소리니는 자신의 완전 자연주의 농법을 굳게 지키고 밀듀 병을 퇴치하지 않았다. 그는 피눈물을 삼키는 심정으로 "우리 포도나무는 고통받을 것이며 나는 많은 포도를 잃고 말 것이다. 하지만 이 시련을 견뎌낸 포도나무는 분명히 더 훌륭한 결실을 맺을 것이다."라고 말했다. 그렇게 엄청난 양을 잃고 남들이 다 풍년일 때 극소량의 포도만 살려낸 그는 본인의 모든 포도 품종을 블렌딩하여 전설적인 와인 친도키Txindoki를 만들어내었다. 전부 손 수확을 통해 조금이라도 데미지가 있는 모든 포도알을 제거하고 완벽한 포도알 하나하나를 넣어 빚어낸 역작이다.

2018년 단 한 번 생산되어 이제는 전 세계에서 구하기 힘든데 모든 내추럴 와인 애호가가 얼마가 되어도 좋으니 다시 마시고 싶다고 하는 바로 그 와인이다. 가격 또한 매우 높고, 지금도 시시각각 더 오르고 있다. 하지만 그렇다고 해서 제롬 소리니는 큰돈을 벌었을까? 전혀 아니다. 그는 생산량의 80%를 잃었고 친도키의 첫 릴리즈 가격은 평소의 2배가 되었을 뿐이다. 여전히 정상적인 빈티지의 40%도 되지 않는 소득을 올려 생활이 굉장히 어려워졌다.

내추럴 와인은 생산자 입장에서는 전혀 돈이 되지 않는다. 루아르의 한 전설적인 1세대 와인 메이커의 연 매출을 들은 적이 있다. 한국 돈으로 1억 5천만 원이었다. 소득이 아니라 매출이 그랬다. 와인병 값, 수확기 인건비, 코르크 대금, 세금 등등 모든 것을 빼고 나면 한국에서 평범한 회사원으로 일하는 것보다 소득이 더 낮았다. 왜냐하면 대량 생산을 하지 못하고, 같은 넓이의 밭에서 생산되는 와인의 양이 더 적기 때문이다. 하지만 이들은 포도로 예술을 하는 사람들이다. 그리고 이제 세상 사람들이 이 예술을 이해하고, 응원하며, 사랑하기 시작했다.

일본과 한국의 셰프, 내추럴 와인을 사랑하다

내추럴 와인은 참 특이하고 특별하다. 내추럴 와인 운동이 거세지기 전까지 모든 와인은 소믈리에들이 추천하고 마리아주를 짰다. 하지만 내추럴 와인은 초창기부터 지금까지 셰프들이 직접 음식과 와인의 마리아주를 짜고, 소비자들이 특이하고 재미있는 매칭 방법을 제안해 왔다. 그 과정에서 세계의 젊은이들의 현대적 센스가 힙하게 들어가기도 했다.

프랑스에서 처음으로 내추럴 와인을 메이저 레스토랑에서 소개한 것은 1960년대부터 1990년대까지 전설적인 프렌치 셰프였던 알랭 샤펠Alain Chapel이었다. 그는 1960년대 폴 보퀴즈 등의 셰프들과 함께 '누벨 퀴진' 운동을 열었다. 누벨 퀴진은 전통적인 프랑스 풀코스 요리는 현대인이 먹기에 너무 무겁고 진득하며 기름지기 때문에 더 담백하고 가볍고 더 밝으며 제철 재료를 더 많이 쓰고 모든 음식을 무거운 소스로 덮는 대신 재료 본연의 맛을 더 드러내는 방식으로 조리할 것을 제안하는 운동이었다. 이후 알랭 샤펠은 1967년 아버지와 함께 첫 미슐랭 별을 받고, 1970년에 아버지가 돌아가신 이후 1973년에 프랑스 전체에 열아홉 곳밖에 없던 미슐랭 3스타를 받게 되었다. 빵가루와 함께 버터로 튀긴 파슬리로 채운 송아지 귀 요리나, 다진 트러플을 가득 채워 오븐에 구운 토종닭을 돼지 방광에 넣어 밀봉한 다음 진한 닭육수에 삶아 손님 앞에서 해체해 주는 요리 등은 이제는 전설적인 고전이 되었다.

알랭 샤펠은 와인에도 관심이 많고 본인이 수준 높은 와인 테이스터이자 애호가였다. 그는 보졸레 내추럴 와인의 전설 막셀 라피에흐Marcel Lappiere의 오랜 친구이자 팬이기도 했다. 그래서 그의 레스토랑에는 언제나 막셀 라피에흐의 모든 와인이 있었고 다양한 1세대 레전드 내추럴 와인 메이커들의 와인이 리스트 업 되어 있었다. 그는 본인이 만드는 더 섬세하고, 더 자연의 풍미에 가까운 음식들에는 와인도 지나치게 무겁고 인위적인 향이 나는 와인들보다 더 자연스러운 와인들이 잘 어울린다는 생각이 있었다. 이러한 인연으로 알랭 샤펠의 아들 다비드 샤펠은 막셀 라피에흐의 제자로서 소믈리에이자 와인 메이커가 되었고 지금은 유명 내추럴 와인 메이커가 되었다. 그의 보졸레 와인들은 결점 없이 깨끗한 와인이라는 이름과 함께 현재 전 세계의 미슐랭 스타 레스토랑에서 큰 사랑을 받고 있다.

시작부터 셰프의 영향이 컸던 내추럴 와인들이 처음으로 크게 유행한 것은 1980년대 말부터 1990년의 일본에서였다. 당시 일본은 버블 경제의 막바지(1992년에 일본 버블 경제 붕괴)였다. 버블 경제 붕괴 직전, 이 시기 일본은 세계 2위의 경제 대국인 동시에 일본 문화의 황금기였다. 그래서 스시를 비롯한 일본 식문화가 세계에 영향을 끼치며, 일본인 소믈리에들이 세계적으로 두각을 나타내기도 했다. 그런데 일본의 파인 다이닝에는 한 가지 문제가 있었다. 절인 채소와 된장, 간장, 식초, 설탕을 많이 쓰는 일본 음식과 와인을 매칭하기가 쉽지 않았던 것이다. 일본의 전통 음식에 어울리는 와인으로서 내추럴 와인이 매칭되며 큰 붐을 일으켰다. 자연 효모를 쓰고 발효의 맛이 드러나는 내추럴 와인은 일본 전통 음식과 매칭하기에 매우 좋았기 때문이다. 일본의 젊은 요리사들은 본인 자신이 내추럴 와인의 애호가가 되며 서로 어울리는 음식들을 만들었고 일본의 전통적인 요리사들에게는 일본의 젊은 소믈리에들이 내추럴 와인을 적극적으로 매칭하기 시작했다.

1990년까지는 프랑스 내추럴 와인이 프랑스보다 일본에서 더 많이 소비된다는 이야기가 나올 정도의 붐이었으며 당시 일본의 내추럴 와인 시장은 일본 와인 시장 전체의 10%를 넘어 같은 시기의 한국 와인 시장 전체보다도 컸다는 이야기가 있을 정도였다. 일본 버블 경제 붕괴 이후 반토막 이상 추락했던 일본 내추럴 와인 시장은 이제 다시 반등하여 지금도 전 세계 내추럴 와인의 최대 수입국 중 하나로 이름 높다.

한국에서 젊은 셰프들이 내추럴 와인을 선호하는 이유도 비슷하다. 한국의 장류를 쓰거나 식초와 채소를 듬뿍 쓴 섬세한 요리를 할 때는 내추럴 와인만큼 어울리는 매칭을 찾기가 힘들기 때문이다. 같은 이유로 홍콩 파인다이닝에서도 내추럴 와인의 인기가 좋다. 광둥 요리는 간장과 식초, 향이 강한 요리용 술과 발효 소스를 많이 사용하기 때문에 상대적으로 고급 내추럴 와인들을 매칭하기가 좋기 때문이다.

그다음으로는 노마NOMA와 노르딕 퀴진의 영향을 들 수 있다. 노마는 덴마크 코펜하겐의 전설적인 레스토랑으로 미슐랭 3스타인 동시에 2010, 2011, 2012, 2014, 2021년에 베스트 레스토랑 인 더 월드 세계 1위로 선정된 곳이다. 이 노마는 'Nordisk Mad'의 줄임말로 덴마크어로 '북유럽식 요리'라는 뜻이다. 노마는 전통적인 북유럽식 요리를 과학적이고 섬세하게 가다듬었다. 식초를 사용하고, 젖은 나무판 위에서 연기와 함께 익힌 요리들, 야생 허브와 야생 버섯, 자연 재료 위주로 요리하는 곳이다. 특히 '발효'가 각국 요리의 근본이라고 생각하여 일본식 누룩, 고대 로마의 액젓인 가룸, 정교한 각 재료로 만든 식초를 사용한다.

그리고 노마의 전체 와인 리스트는 100% 내추럴 와인이다. 노마의 수석 소믈리에인 매드 클레페Mads Kleppe는 노마의 시작부터 모든 와인을 내추럴 와인만으로 리스트했으며 셰프와 함께 늘 음식과 와인을 테이스팅하며 마리아주를 연구했다. 자연적 발효에 집중한 음식에는 자연 효모로 발효한 와인만이 어울릴 수 있다는 것이 그들의 결론이었다. 이 덕분에 노마에서 훈

련한 전 세계의 유능한 셰프들이 내추럴 와인에 익숙해지는 동시에 각기 자기 나라로 돌아가 노마처럼 섬세한 발효의 맛을 추구하는 음식을 만들면서 거기에 어울리는 내추럴 와인들을 리스트 업 하기 시작했다.

2018 아시아 베스트 레스토랑 1위에, 2015년 월드 베스트 레스토랑 10위, 2018년 5위를 거쳐 2019년에는 4위까지 오른 태국의 미슐랭 2스타 레스토랑 '가간Gaggan'의 셰프 가간 아난드도 마찬가지로 내추럴 와인으로 본인의 섬세한 음식을 매칭한다. 인도 음식은 다양한 향신료를 쓰고, 발효한 생선의 젓갈로 간을 하거나 요거트와 발효한 크림 등 산미 있는 발효된 식재료를 다양하게 사용한다. 그리고 여러 채소들을 쓴다. 이런 음식들과 딱 맞게 어울리는 와인 매칭은 내추럴 와인이 아니면 생각하기 힘들다.

세계 최고의 내추럴 와인 바로 손꼽히는 스페인 바르셀로나의 바 브루탈Brutal도 마찬가지이다. 스페인 카탈루냐 지방의 전통 음식은 훈제 파프리카와 채소, 야생 동물을 다양하게 사용한다. 내추럴 와인만 취급하는 곳이기 때문에 이런 전통 음식을 그대로 내도 곧바로 완벽하게 어울릴 수 있다.

지금 내추럴 와인을 마시는 것은 세계 미식 경험의 첨단이다.

내추럴 와인은 각 와인별 생산량이 적어 본질적으로 상업주의적일 수 없기에 비주류 문화와 강하게 결합했다. 바로 지역의 젊은 예술가들과 연합하여 독특하고 자유스러운 레이블을 만드는 문화적 전통이 생긴 것이다. 전 세계 어떤 내추럴 와인 전문 바나 숍에 가도 가게를 휘황찬란하게 꾸미지 않는다. 반면에 와인병을 자랑스럽게 늘어놓는다. 내추럴 와인병이 잔뜩 보이는 것 자체가 전 세계의 젊은 예술가들의 작품을 진열한 것과 같다. 그리고 호주의 내추럴 와인 레전드 루시 마고Lucy Margaux처럼 자신의 와인 레이블을 자기가 직접 그리는 사람이나, 론 지역의 전설적인 내추럴 와인 메이커 도멘 우이용Domaine Houillon의 경우에는 아내가 전통 종이를 제작하는 예술가여서 각 와인 레이블을 그 포도가 자란 밭의 잡초와 허브들을 따서 그걸 말려 만든 종이로 만드는 경우도 있다. 포도로 예술을 하는 사람들과 예술가들의 결합 덕분에 내추럴 와인의 문화적 토양은 더욱 비옥해질 수 있었다.

브루탈! 가장 내추럴한 맛

거의 모든 내추럴 와인 애호가들은 검은 와인 레이블에 해골 바가지 사신이 낫을 들고 이산화황을 베어버리고 있는 브루탈Brutal이라는 와인을 사랑한다! 이 '브루탈' 와인은 '브루탈 운동'에 동참하는 전 세계의 내추럴 와인 메이커들이 '같은 레이블'을 달고 본인의 와이너리 이름은 뒷면 레이블에만 달아 내놓는 일종의 내추럴 축제 와인 같은 것이다. 이 브루탈 와인에는 조건이 있다. 모든 과정에서 이산화황을 비롯한 그 어떤 첨가물을 넣어서도, 와인에서 어떤 성분을 제거해서도 안 된다. 그리고 와인을 발효조에 넣은 뒤에는 그 어떤 인위적인 행동도 해서는 안 된다.

브루탈 와인이 만들어진 데에는 재미있는 이야기가 있다. 스페인의 전설적인 내추럴 와이너리 멘달Mendall의 로레아노 세레스Laureano Serres는 친구이자 역시 스페인 카탈루냐의 전설적인 내추럴 와이너리 에스코다 사나후아Escoda-Sanahuja의 와인 메이커 조안 라몬 에스코다Joan Ramon Escoda와 함께 프랑스 내추럴 와이너리들을 여행했다. 그 과정에서 프랑스 남부 랑그독 루시옹의 전설적인 내추럴 와이너리 라 소르가La Sorga의 안소니 토르툴과 함께 그의 와인을 마셨다. 로레아노와 조안은 와인을 마실때마다 "Brutal!!!"이라고 외쳤다. 카탈루냐 사투리였던 브루탈은 프랑스인인 안소니에겐 와인이 쓰레기 같다고 하는 것처럼 들려서 표정이 어두워졌다. 하지만 프랑스어로는 야만적이고 거칠다는 어감으로 느껴지는 브루탈은 카탈루냐 사투리로는 비속어가 섞인 칭찬, 한국어로 직역하자면 "아, XX하게 맛있네!" 정도의 뜻이었다. 이 이야기를 들은 안소니는 유쾌하게 웃으며 그 자리에서 이 브루탈 레이블을 만들었다.

그리고 그 자리에서 전설이 시작되었다. 상업적 용도를 때려치우고, 내추럴 와인을 만드는 사람들끼리 가장 '내추럴'한 와인을 만들고 이 '브루탈!!!' 레이블로 출시해서 순수하게 와인 맛으로 평가받자는 것이었다. 그래서 전 세계의 내추럴 와인 메이커 누구든, 어떤 타입의 와인을 만들든, 이산화황을 전혀 쓰지 않는 완벽한 내추럴 방식으로 와인을 만들고 포도를 수확해서 발효조에 넣은 뒤에 그 어떠한 인위적 개입도 없이 와인을 만들면 이 레이블을 쓸 수 있게 한다는 기획이었다. “사람 손을 전혀 대지 않아 와인이 망할 것이 걱정된다고? 그럼 밭에서 더 손 댈 필요 없을 정도로 완벽한 포도를 만들어!”라는 쿨한 외침과 함께 말이다.

이 운동은 전 세계 내추럴 와인 메이커들의 열렬한 지지를 받았다. 오스트리아의 구트 오가우, 쥐라의 옥타방, 심지어 미국 캘리포니아의 코투리 등 전 세계의 내추럴 와인 레전드들이 브루탈 와인을 만들었다. 그리고 브루탈 와인은 진짜 포도 품질에 자신 있는 전설적 와인들 위주로 참여하면서 내추럴 와인 소비자들에게 오히려 ‘브루탈 와인은 전부 맛있다.’라는 믿음을 심어주게 되었다. 각 와이너리가 각 빈티지마다 가장 자신 있는 원액을 브루탈로 만들면서 한 와이너리가 한 해에는 레드 브루탈이 나오다가 다른 해에는 오렌지 와인이 브루탈로 나오거나 하는 경우도 많아서 매년 한 와이너리의 브루탈은 모두 그해의 한정판 와인이기도 한 점 역시 내추럴 와인 애호가들이 브루탈을 좋아하는 이유 중 하나이다.

이 과정에서 뛰어난 브루탈 와인을 만든 와이너리들은 자신들만의 브루탈 와인 레이블을 만들고, 브루탈 와인 레이블 전면에 자기 와이너리 이름을 크게 붙이기 시작했다. 이에 브루탈 운동의 시작을 알린 라 소르가의 안소니는 브루탈 와인이 상업화했다는 건 브루탈이 죽었다는 뜻이라며 마지막으로 'Brutal Death!(브루탈의 죽음)'라는 전설적인 와인을 남기고 더 이상 브루탈을 만들지 않는다. 하지만 원래 라 소르가의 '모든' 와인은 브루탈 규정에도 맞을 정도로 완벽한 내추럴 와인이자 비개입 와인이기 때문에 브루탈을 사랑하는 모든 내추럴 와인 애호가들은 라 소르가의 모든 와인을 계속 사랑하고 있다.

브루탈은 모든 와인이 다 그 해의 한정판이다. 레이블은 같은 모양이지만 브루탈은 레드일 수도 화이트일 수도 오렌지 와인일 수도 로제일 수도 있다. 모든 타입의 와인이 브루탈일 수 있다. 모든 브루탈은 내추럴 와인 중에서도 펑키한 타입에 속하지만 대부분의 경우 취향을 가리지 않고 좋다. 브루탈 이름을 내걸고 부끄럽지 않기 위해 보통 그 와이너리에서 가장 자신 있는 포도를 쓰기 때문이다.

브루탈 와인

IVA
STEFANO BELLOTTI
IVA
Vino Bianc
201
12% vol

내추럴 와인과 테루아

『 6 』

고도와 기온, 각 테루아마다의 표현

내추럴 와인은 컨벤셔널 와인보다도 더 '테루아'의 와인이다. 이 점 때문에 포도와 함께 자라난 그 땅의 효모를 중요시하고, 이 효모가 주는 테루아의 뉘앙스를 존중한다. 그렇다면 각 지역, 각 테루아마다 와인에 어떤 특성이 생기고, 어떤 매력과 개성이 생기는지도 중요한 부분일 것이다.

⁑ 기온에 따른 테루아 차이

더운 기후에서 자란 포도는 더 당분이 높아 알코올 도수가 높아지는 경향이 있다. 산도는 더 낮아지고, 향은 더 진하다. 더운 곳에서는 포도가 더 빠르게 잘 익고 늘 뽀송뽀송하게 마른 상태이기 때문에 비교적 병충해가 적어 자연 상태로 건강한 포도를 얻기 쉬운 장점이 있다. 그러나 더운 곳에서 음식이 쉽게 쉬듯이 포도를 따서 발효를 할 때는 더운 곳이 더 어렵다. 브렛, 마우스가 생길 위험도 조금 더 커지고 발효를 망치거나 과도하게 펑키한 스타일이 되기 쉽다.

반대로 서늘한 기후에서는 포도의 당분이 낮아 알코올 도수가 낮아지는 경향이 있다. 산도는 더 높고 향은 더 깨끗한 대신 더 약하다. 서늘한 기후에서는 포도가 늦게 익어 수확기에 비를 맞으며 포도가 썩거나 병충해가 돌기 쉬워진다. 내추럴 방식으로 건강한 포도를 얻기가 조금 더 어렵다.

와인 양조에 있어서는 서늘한 기후에서는 결점 없는 깨끗한 와인을 만드는 것은 조금 더 쉬워진다. 반면 날씨가 서늘해 초기 온도가 낮다 보니 초반 발효가 안 되어 발효가 멈출 위험성이 높고, 겨울에 너무 일찍 추워지면서 발효조 온도가 너무 낮아져 중간에 발효가 멈출 위험도 생겨난다. 그래서 어떤 기후에서 내추럴 와인을 만드는 것이 더 쉽고 어렵고를 따지는 것은 별로 의미가 없을 때가 많다.

일교차가 큰 테루아에서는 낮에 더운 온도로 포도가 잘 익고 밤에는 시원한 바람이 불며 산도까지 같이 높아지는 장점이 있다. 특히 서늘한 기후인 테루아에서 밭 앞에 강이 지나거나, 흙에 자갈과 바위가 많다면 낮에 강물에 반사된 햇빛을 받거나 자갈과 바위, 물이 데워지면서 포도가 더 잘 익기도 한다. 더운 기후인 테루아에서는 바닷바람이나 계곡 바람이 불면 포도가 잘 익으면서도 산도 밸런스까지 좋아지기도 한다. 어디에서나 밭에 경사가 심하면 비가 올 때 수분이 과해지지 않아 포도 생산량은 적어지지만 품질이 높아진다. 하지만 밭 앞에 강이 있고 경사져 있으며, 밭에 자갈과 바위가 많은 밭 또는 경사가 지어 바닷바람이나 계곡 바람이 들어오는 밭이라는 것은 결국 일하기가 매우 힘든 밭이라는 뜻도 된다. 결국 정성이 많이 들어가는 밭에서 좋은 포도가 나오는 것이다.

⁑ 경작하는 땅과 테루아

좋은 내추럴 와인이 저지대의 평지에서 생산되는 경우는 별로 없다. 대부분 언덕이나 고지대의 경사진 곳에서 생산된다. 보통 저지대의 평지는 대량 생산형의 저가 컨벤셔널 와인용이나 식용 포도가 자란다. 저지대의 평지는 비가 오면 물이 내려오는 곳이기 때문에 포도의 생산성이 높아지는 대신 향과 맛, 당도와 산도는 낮아진다. 내추럴 와인은 애초에 생산량을 극도로 제한해서 품질을 올리는 방식이므로 저지대와는 잘 맞지 않는다. 반면에 고지대는 포도가 생장하기에 난도가 높다. 비가 와도 저지대로 흘러나가니 대체로 건조하고, 척박하다. 하지만 이런 곳에 포도나무를 밀집해서 심으면 포도나무가 물과 영양을 서로 차지하기 위해 경쟁하며 뿌리를 깊게 뻗어 나간다.

식용 포도의 경우 대부분의 포도 뿌리는 깊이 1m 이내에 있으며 일부 뿌리는 3m 이상 들어간다. 컨벤셔널 와인에서 대부분의 포도 뿌리는 식용 포도와 비슷하지만 포도를 밀집하고 올드 바인으로 잘 기른 경우에 포도 뿌리는 6m까지도 들어간다. 내추럴 와인에서는 올드 바인의 포도 뿌리가 10m 이상 들어가는 일도 흔하다. 13m 이상 들어가는 경우도 있다. 이 정도가 되면 우물을 파는 깊이가 되기 때문에 심하게 가뭄이 들었을 때에도 포도가 안정적으로 자라는 장점이 생긴다. 또한 다양한 지층을 뚫고 들어가기 때문에 다양한 토양 특징이 와인에 반영되는 장점도 있다.

저지대의 평지에서는 평소에 비가 와도 물 빠짐이 좋지 않기 때문에 포도 가지와 잎이 과도하게 많아지기 쉽고 포도 열매도 수분이 과도하기 쉽다. 그리고 표면에 수분이 많으니 굳이 포도 뿌리가 깊게 내려가지 않는다. 그래서 오히려 심한 가뭄이 들었을 때는 포도가 스스로 물을 찾아낼 능력이 떨어지게 된다.

포도나무를 얼마나 정성 들여 길렀는지는 나쁜 빈티지일 때 더 티가 난다. 밭을 자연적으로 잘 가꾸면 가뭄이 든 해에 표면층의 잡초와 허브들이 말라죽으며 흙이 드러나서 흙 속의 수분이 더 빨리 마르는 일을 막아준다. 비가 많이 올 때는 표면의 잡초와 허브들의 잎이 물을 적당히 튕겨내어 너무 많은 수분이 흙에 흡수되는 것을 막아주고 저지대로 흘러내려가게 해주기도 한다. 게다가 지표면의 뿌리가 흙을 단단히 잡아주어 지표면 흙이 쓸려 내려가는 것을 막아준다. 또한 지렁이들이 흙을 부드럽게 해주며 흙 속에 충분한 공간을 만들어주기 때문에 비가 많이 왔을 때는 충분히 물이 빠져나가게 하고, 가물 때에는 흙 속 공간이 적당한 수분을 최대한 잡아주는 역할을 한다.

포도나무를 30년 이상 가꾸면 올드 바인이라고 한다. 포도를 생산하는 능력은 어린 포도들에 비해 절반 이상 떨어지고, 올드 바인이 된 이후로는 매년 점점 더 포도 생산량이 줄어든다. 하지만 내추럴 와인의 경작법으로 오래 관리한 포도밭은 나쁜 빈티지일 때도 생산량이 줄어들 뿐 빈티지 특성은 잘 반영하면서 훌륭한 포도를 준다. 좋은 빈티지일 때 평소보다 와인이 좋아지는 것은 모든 와인이 마찬가지이다. 물론 더 좋은 와인이 그보다 더 좋아지는 쾌감이 더 크다. 하지만 나쁜 빈티지에도 불구하고 얼마나 더 좋은 와인이 생산되는지는 그야말로 와인 메이커의 피와 땀, 노력이 그대로 보이는 놀라운 지점이다.

미네랄리티의 신비

와인의 '미네랄리티'라는 개념은 굉장히 흥미롭지만 아직 밝혀진 것은 많지 않다. 왜냐하면 와인 속의 '미네랄' 양은 사람이 감지할 정도로 많지 않기 때문이다. 미네랄리티는 와인 테이스팅 경험이 충분히 많은 사람들이 이야기하는 개념이지만, 아직은 와인 테이스팅 용어로, 심지어 소믈리에들끼리조차도 완벽하게 동의하는 하나의 개념으로 정립되지는 못하고 있다. 수많은 소믈리에가 같은 와인을 테이스팅하더라도 서로 표현하는 미네랄리티는 사뭇 다른 경우가 많다. 와인에서 미네랄이 강하게 느껴진다고 할 때 그 미네랄리티는 여러 모습으로 표현된다. 분필을 핥는 것 같은 맛, 산속의 약숫물을 떠마신 뒤에 오는 쌉쌀하고 시원한 맛, 바닷물처럼 짠맛, 연필심을 핥는 것 같은 '흑연'

뉘앙스, 선지나 피를 먹은 것 같은 강렬한 철분 느낌, 화산에서 나오는 연기 같은 스모키한 미네랄리티까지 굉장히 다양하다.

바닷물처럼 짭짤한 미네랄리티로 한정해서 이야기해 보자. 와인에서 짭짤한 미네랄리티가 느껴질 때 가능한 선택지는 몇 가지가 있다.

첫째, 진짜로 염분이 있어서.

둘째, (내추럴 와인이 아닌 경우) 이스트 영양제를 과도하게 사용하는 바람에 쓴맛이 섞인 짠맛이 남아서.

셋째, (내추럴 와인이 아닌 경우) 오크통 소독을 위해 쓴 메타중아황산나트륨(sodium metabisulfite)이 과해서 나트륨 성분이 녹아들면서 와인 속에 있던 나트륨 성질을 강화해서.

넷째, 테이스터의 건강 문제(몇몇 입병은 짠맛을 과도하게 느끼게 하거나 다른 자극을 짠맛으로 느끼게 함)로.

다섯째, 높은 산도로 인해 신경이 산미를 짠맛으로 오해해서 등이다.

진짜로 소금이 있어서 짜게 느낀다는 것은 완전히 불가능한 이야기이다. 와인은 순수하게 포도의 즙을 발효한 것이다. 사람이 짜게 느낄 정도로 염분 높은 밭에서 포도가 자랐다면 포도는 살아남을 수 없다. 포도즙에 소금이 많이 들어갈 정도로 포도나무가 염분에 절여질 수도 없기 때문이다. 바닷가 테루아의 와인이나, 바닷바람을 맞은 포도로 만든 와인에서 짠맛이 느껴질 때가 있는데 의외로 정말로 염분이 포도 열매에 남을 수가 있다. 하지만 이것 역시 사람이 느끼기에는 너무 적은 양이라 와인에 영향을 줄 수는 없다.

호주 애들레이드 대학에서 간호학과 학생들을 상대로 했던 실험 논문이 있다. 오크 숙성을 하지 않은 화이트 와인과 진한 쉬라즈 레드 와인에 소금을 조금씩 넣어 가면서 테이스팅을 시켜본 것인데, 민감한 사람은 0.36~1.76g/l의 농도에서도 짠맛을 느꼈다. 매우 둔감한 사람은 8g/l에서 느꼈다. 화이트 와인에서는 적은 양에서도 짠맛이 잘 느껴졌고 진하고 묵직한 레드일수록 더 많은 양의 소금이 있어야 짜게 느껴졌다. 즉, 상큼하고 가벼우며 산미 높은 와인은 상대적으로 적은 염분도 짜게 느껴지게 한다. 하지만 화이트 와인에서도 실제 와인에 있는 나트륨 양으로 짜게 느끼는 정도의 농도는 불가능했다. 그리고 이스트 영양제나 오크통 소독을 위해 쓴 이산화황염을 과도하게 쓰는 일은 요즘처럼 와인을 과학적으로 계량해서 만드는 세상에서는 보기 힘들다.

내추럴에선 당연히 이런 성분을 아예 안 쓰니까 있을 수 없는데 오히려 내추럴 와인의 미네랄리티가 일반적으로 더 좋다. 테이스터의 건강 문제 역시 남들은 못 느끼는데 혼자 그렇게 느끼게 되는 일이므로 많은 사람들이 공통으로 느끼는 것과는 배치되는 일이다. 우리가 짭짤하다고 느끼는 와인은 대체로 미네랄리티와 산미가 높으며 오크 숙성을 무겁게 하지 않은 날카롭고 섬세한 화이트 와인이다. 이런 타입에서 실제로 짠맛을 느끼기 쉽다는 점이 실험으로 증명된 것이다. 미네랄이 짭짤하게 느껴지기로 유명한 스위스 화이트 와인의 경우 법적으로 0.06g/l 이상의 나트륨이 검출되면 와인 유통을 할 수 없다. 애초에 감지 가능한 양이 아니라는 뜻이다.

짠맛은 미뢰에서 나트륨 이온에 의한 전기 자극을 느꼈을 때 느끼는 맛인데, 신맛을 느끼는 신경과 서로 이웃해 있다. 신맛은 수소 이온에 의한 전기 자극으로 느끼는 맛이다. 그래서 이 두 맛은 가끔 교란이 일어날 수 있다. 마치 라디오에서 이웃 채널 주파수가 살짝 교란되어 들리는 것과 비슷하다.

미네랄리티가 높고 짭짤하다고 느끼는 와인은 대부분 화이트 와인이며 산도가 매우 높은 와인이다. 고대에 바다였던 아주 척박하고 거친 토양이나 바닷바람을 맞으며 포도가 자라는 거친 환경이다. 이런 환경에서는 포도가 열매를 보호하기 위해 산도를 아주 강하게 유지하게 된다. 그러면 우리의 감각이 이 산미를 짠맛으로 오해하게 될 가능성이 매우 높아진다. 내추럴 와인에서는 포도의 PH가 낮아지고, 페놀량, 타닌량이 더 늘어난다. 산도가 더 높으니 짜게 느낄 수 있는 가능성이 더 높아진다.

바닷바람을 맞거나 바다에서 자란 포도라고 해도 짤 정도로 포도가 염분을 가지기는 불가능하다. 그럼에도 불구하고 바다와 관련된 테루아가 실제로 우리가 와인을 짜게 느끼게 하는 조건들을 채우기 쉽다는 점은 자연이 주는 재미이다.

연필심을 핥는 듯한 흑연 뉘앙스는 보통 카베르네 소비뇽이나 메를로, 카베르네 프랑 같은 품종들에서 주로 느껴진다. 이것은 많은 사람들이 와인 속의 탄닌 뉘앙스와 진한 검은 과실향이 더해져 사람의 감각이 혼란을 일으키는 것으로 생각한다. 그래서 오래 익어 부드러워진 와인은 같은 와인이라도 흑연 뉘앙스가 느껴지진 않는다.

분필을 핥는 듯한 맛은 프랑스의 알자스나 샴페인, 쥐라, 일부 루아르 지역이나 독일, 오스트리아, 같은 서늘한 테루아의 고지대의 화이트 와인이나 스파클링 와인에서 자주 느낄 수 있는 미네랄리티이다. 이런 타입의 미네랄리티는 공교롭게도 굴이나 조개 껍질 화석 계열의 토양인 석회암, 백악질, 대리석 계열의 테루아에서 나온 와인들에서 느껴지는 경우가 많은데 재미있게도 굴이나 조개껍질 성분과 분필 성분은 동일한 탄산칼슘이다. 하지만 이 경우에도 와인에서 탄산칼슘이 사람이 느낄 수 있을 정도로 느껴지는 경우는 없다. 게다가 탄산칼슘은 물이나 와인에 녹지 않기 때문에 앙금이 되지 와인에 맑게 녹아 있을 수는 없다.

이런 미네랄리티가 사람에게 느껴지는 이유는 아직까지 명확히 밝혀지지 않았다. 하지만 몇몇 실험에서 공교롭게도 고지대의 서늘한 테루아에서 영양이 풍부하지 않은 척박한 탄산칼슘 토양에서 자란 포도는 힘들게 자랐기 때문에 특정한 영양 결핍으로 독특한 뉘앙스를 품게 되는데 그런 이유가 아닐까 추측하기도 한다. 자연의 우연 때문에 그게 분필과 같은 성분의 흙에서 자란 포도에서 분필 같은 뉘앙스를 느끼게 된다면 이 또한 재미있는 일일 것이다. 화산 토양에서 자란 포도가 화산의 연기 같은 스모키한 미네랄리티를 얻는 것도, 철분이 풍부한 붉은 흙에서 자란 포도들이 선지나 피 같은 철분 뉘앙스를 품고 자라 고기와 잘 어울리는 와인이 되는 것도 그 이유가 아직까지 과학적으로 명확하게 밝혀지지는 않았다. 하지만 사람이 느끼기에 그 땅과 포도의 맛이 직접 연결되듯 느껴지는 점은 참 재미있는 일이다.

테루아와 빈티지 그리고 산미

포도의 산미는 포도의 품종마다 일차적으로 차이가 난다. 그리고 서늘한 지역일수록 산미가 높아진다. 포도를 일찍 따면 딸수록 산미가 높고 당도가 낮으며 쓴맛이 강해지고 늦게 수확하면 할수록 산도가 낮고 당도가 높으며 쓴맛이 적어진다. 내추럴 와인은 포도를 완숙해서 수확하는 경향이 있다. 포도가 충분히 잘 익어야 포도 껍질의 효모가 충분히 번성해서 와인 발효에 유리하기 때문이다.

컨벤셔널 와인이 주류가 되면서, 와인에 있어서 '테루아'라는 단어가 담는 의미가 축소된 경향이 있었다. 테루아의 광의적인 의미는 각 지역에서, 그 지역에서 오래 키워온 토착 품종과,

그 포도와 함께 자란 자연 효모의 특징 그리고 그 지역에서 전통적으로 해오던 포도 경작 방식, 마지막으로 지역 전통의 와인 양조법이 모두 하나가 되어 오직 '그곳'에서밖에 나올 수 없는 와인이 나오는 것이었다. 테루아를 단어 뜻에 맞게 번역하자면 '그 지역스러움'이라고 할 수 있을 것이다. 어느 지역에서나 똑같은 품종으로 진하고 무거운 와인을 만들어 오크 풍미가 나게 하는 것은 테루아와 가장 멀어지는 길이다.

빈티지는 그 해의 특성이 와인에 얼마나 잘 드러나는가를 뜻한다. 서늘한 빈티지에는 알코올 도수가 낮아지고 일찍 마시기 좋지만 살짝 단순한 캐릭터의 와인이 나오곤 한다. 딱 적당하게 좋았던 빈티지에는 모든 요소가 이상적이다. 너무 더웠던 빈티지에는 와인의 알코올이 튀고 산도가 낮아지며 둔한 느낌을 주며 탄닌이 과도해지곤 한다. 이런 빈티지 특성도 포도를 언제 수확하고, 어떤 블렌딩으로 와인을 만드느냐에 따라 단점을 극복할 수 있지만 그럼에도 불구하고 마셔보면 빈티지 특성이 느껴진다. 이러한 빈티지 특성을 기억하고, 얼마나 익은 느낌이 나는가를 조합하는 것이 블라인드 테이스팅에서 빈티지를 맞추는 방법이기도 하다. 와인에 첨가물을 넣어 빈티지 특성이 더 가려질 수 있는 컨벤셔널 와인에 비해 내추럴 와인은 빈티지 특성이 더욱 선명하게 드러난다.

내추럴 와인은 생산량을 극도로 낮추어 어떤 곳에서든 와인의 맛과 향을 끝까지 농축하는 경향이 있다. 그래서 더운 테루아, 더운 빈티지에도 산도를 높게 유지하는 경우가 많고, 심지어 어떻게 해도 산도가 올라오지 않는 지역에서는 살짝 볼라틸이 생기게 하여 산도를 높이는 경우까지도 있다. 이것은 산도가 높으면 와인이 안정성이 높아져 발효와 숙성이 안전해지기 때문이기도 하고, 와인의 산도가 낮아지면 와인의 '과일스러운' 풍미가 낮아지기 때문이기도 하다. 하지만 여기에서도 서늘한 테루아에서의 짜릿한 산미, 더운 테루아에서 잘 익은 과실에서 느껴지는 부드럽고 풍만한 산미, 볼라틸의 찌르는 듯 자극적이지만 와인 바닥에 가라앉은 향들을 끌어올려주는 화려한 느낌까지 테이스팅을 통해 알 수 있는 차이는 명확하다.

내추럴 와인의 테이스팅 경험이 많지 않은 소믈리에들은 종종 내추럴 와인이 테루아나 빈티지, 품종 특성을 잘 드러내지 못한다고 오해한다. 하지만 이는 컨벤셔널 와인이 각 지역과 각 품종의 특징을 부각한 와인만 만들어왔기 때문에 많은 사람들이 각 품종의 특성을 온전히 기억하지 못하다고 생각하는 것이 옳다. 부르고뉴 피노 누아가 우아하고 맛있다고 해서 그 누구도 피노 누아 100%로 만들어진 블랑 드 누아 샴페인이 피노 누아의 특징을 드러내지 못한다거나 품종 특성을 무시하고 만든 와인이라고 하지 않는다. 하지만 이러한 샴페인을 마셔본 경험이 적은 사람이라면 테이스팅을 하고 이 샴페인의 품종이 피노 누아라는 것을 맞힐 수는 없을 것이다.

컨벤셔널 와인에서는 보르도 남쪽 카오르Cahor 지역의 토착 품종이 말벡Malbec(이 지역 사투리로는 코Cot라고 부른다)이기 때문에 카오르의 와인은 모두 검고, 진하고, 묵직한 와인이라고 생각한다. 하지만 카오르 지역의 내추럴 와인 메이커들은 이 말벡으로 아주 주시하고 섬세한 와인들도 만들어낸다. 카오르의 로스탈L'Ostal 같은 와이너리는 소믈리에들조차 부르고뉴 피노 누아로 착각하곤 하는 섬세한 레드 와인을 말벡으로 만들어내는데, 이것은 말벡의 품종 특성을 무시했기 때문이 아니다. 말벡은 원래 섬세하고 우아한 와인도, 진하고 묵직한 와인도 만들 수 있는 품종이었기 때문이다. 피노 누아가 부르고뉴에서 보여주는 다양한 우아한 모습과 샴페인에서 보여주는 보디감 높고 고소하며 유질감 있는 모습이 서로를 무시한 것이 아니라 한 품종이 보여줄 수 있는 다양한 모습을 보여준 것인 것처럼 말이다.

450 slm

한국에서 볼 수 있는 지역별 내추럴 와인의 거장과 와인들

〖 7 〗

현재 내추럴 와인은 전 세계 와인 생산량의 2%, 판매 금액의 5% 이상을 차지한다고 추정되고 있다. 적다면 적고 많다면 많은 수치이다. 사람들의 선입견과는 달리 전 세계 거의 대부분의 와인 산지에는 그 지역의 내추럴 와인 명가가 있다. 아무리 두꺼운 책을 쓴다고 해도 각 지역의 훌륭한 내추럴 와인 생산자를 모두 담는 것은 불가능하다. 이 장에서 소개하는 생산자와 내추럴 와인은 현재 한국에 수입이 되고 있으며, 와인 숍과 바 모두에서 만나볼 수 있는 것으로 한정한다. 아주 귀하고 좋은 와인을 생산한다고 해도 지나치게 구하기 힘든 와인도 제외했다.

대표적인 내추럴 와인 메이커, 내추럴 와인 메이커임이 잘 알려지지 않은 지역의 유명 와이너리나 내추럴 와인으로 마케팅하지 않지만 포도 재배나 와인 양조법은 내추럴 와인과 다르지 않은 와이너리들을 소개한다. 이 목록을 보면 내추럴 와인은 전에 없던 와인이 툭 튀어나온 것이 아니라 원래 마시던 와인이며 동시에 사라진 옛날 품종과 기법들을 복원하고 더 자연스럽게 미래적인 와인을 만든다는 것이 어떤 것인지 잘 느낄 수 있을 것이다.

〈알림〉 '클래식'은 내추럴 와인 애호가도, 내추럴 와인 경험이 적은 사람도 맛있게 마실 수 있는 깨끗하고 깔끔한 타입의 와인을 생산하는 곳이다. '펑키'는 내추럴 와인 애호가들이 열광하지만 호불호가 갈릴 수 있는 타입의 와인이다. 일부 와인 중엔 펑키하더라도 누가 마셔도 깜짝 놀랄 최고의 와인이 있다. 그런 와이너리들은 따로 설명한다.

프랑스

전 세계에서 와인을 가장 많이 생산하는 곳이 프랑스이지만, 내추럴 와인을 가장 많이 생산하는 곳도 프랑스이다. 프랑스의 '모든' 와인 산지에는 대표적인 내추럴 와인 메이커들이 있다. 오히려 너무 많아서 소개할 메이커를 추리기에도 고민이 많을 정도다. 이 책에서는 각 지역마다 대표 와이너리 1~2곳을 자세히 설명하고 최대 5곳의 와이너리를 간단하게 설명한다.

⁑ 알자스 Alsace

알자스는 독일과 프랑스의 국경 사이에 있는 작고 아름다운 마을이다. 화이트 와인과 오렌지 와인, 펫낫과 샴페인 방식으로 만들어지는 아름다운 크레망 드 알자스로 유명하지만 여기서 생산되는 미네랄리티 가득한 피노 누아도 부르고뉴 피노 누아에 뒤지지 않는다.

알자스를 대표하는 내추럴 와인 메이커는 누가 뭐래도 도멘 제라드 슐러Gerard Schueller이다. 도멘 제라드 슐러의 현 와인 메이커인 브루노 슐러는 1982년부터 자신만의 멋진 와인을 만들어왔다. 그의 아내는 이탈리아 출신이며 내추럴 와인, 특히 오렌지 와인의 경험이 많았기 때문에 슐러는 아내의 영향을 받아 스킨 컨택을 통해 알자스 오렌지 와인을 생산하기 시작했다. 하지만 볼라틸을 적극적으로 사용하여 유니크한 맛과 향을 만들어내는 스타일은 오직 괴짜 브루노 슐러만의 작품이다.

2017년 빈티지부터는 루시 콜롬방Lucy Colombain이라는 새로운 프로젝트도 시작했다. 슐러 레이블이든 루시 콜롬방 레이블이든 볼라틸이 모든 와인의 맛과 향을 바닥부터 펑펑 터뜨려주는 맛은 동일하다! 오렌지, 화이트, 레드 뭐 종류 가릴 것 없이 모두 훌륭하다.

도멘 반바흐트Bannwarth는 특히 암포라에서 숙성한 진하고 묵직한 오렌지 와인들과 멋진 크레망 스파클링 와인으로 명성이 높은 와이너리이다. 살짝 펑키하지만 섬세함과 깊이는 더욱 멋지다. 갱글링거Ginglinger는 오너의 큰 코를 패러디한 귀여운 레이블과 멋진 화이트 와인들, 포도 껍질을 냉침해서 만드는 가볍고 화려한 오렌지 와인들 그리고 아주 클래식하게 훌륭한 피노 누아로 명성 높다.

가성비 좋으며 펑키한 와인들로는 장 마크 드헤이에Jean Marc Dreyer도 꼭 마셔보아야 한다. 펑키하고 주시한 화이트와 오렌지, 레드 와인이 모두 멋지다. 그 외에도 카트린 히스, 피에르 프릭 등 알자스는 내추럴 와인 명가들이 가득하다.

⁑ 루아르Loire

루아르는 보졸레, 쥐라와 함께 프랑스 내추럴 와인의 성지라고 해도 과언이 아니다. 루아르 내추럴 와인의 '명가'만 뽑아도 책 한 권을 내고도 남는다. 컨벤셔널 와인에서도 인정하는 레전드 클로 루자르Clos Rougeard는 보르도 그랑 크뤼 2등급, 샤토 몽

위: 도멘 보트 가일 메티스Domaine Bott Geyl 'Metis'
아래: 도멘 트라페 아 미니마Domaine Trapet 'A Minima'

로즈의 소유주가 와이너리를 통째로 사들였을 정도다. 리사르 르로이Richard Leroy는 부르고뉴 레전드 도미니크 라퐁Dominique Lafon이나 크리스토프 루미에Christophe Roumier 등과 친구이며 부르고뉴 특급 와인 양조법을 적용한 내추럴 와인으로 세계 최고의 와인을 만들고 있다. 하지만 이 둘은 한국에는 아직 수입되지 않았다. 이들의 제자가 만드는 와인은 한국에 수입되고 있고 모두 훌륭하다.

루아르 내추럴 와인에서는 제롬 소리니Jerome Saurigny의 이야기를 빼놓을 수 없다. 전 세계 내추럴 와인 메이커 중 가장 사랑하는 사람이다. 딸의 이름도 그의 성에서 따왔을 정도이다. 제롬 소리니는 프랑스 보르도에서 포도 재배와 와인 양조학을 전문으로 배웠다. 그는 학생 때 이미 천재 소리를 들었다. 그 유명한 샤토 슈발 블랑Chateau Cheval Blanc과 컬래버레이션을 했을 정도이다. 그는 루아르 내추럴 와인 1세대 레전드인 패트릭 데플라와 바바스(이 둘에 대해서만 써도 책 한 권은 나올 거장이다! 이 두 거장의 와인도 너무나 사랑하지만 책에 모두 담을 수 없어 아쉽다)의 제자가 되어 완벽한 내추럴 와인을 만들기 시작했다. 그의 와인 중 대부분은 단 한 번만 생산된 한정판이다. 그래서 그의 와인을 마셔본 뒤 똑같은 와인을 구하려 하면 불가능한 경우가 많다. 제롬 소리니의 팬들은 그의 와인이 보일 때마다 무조건 사 모은다. 잘 익은 제롬 소리니의 와인은 그 어떤 와인보다 멋지고, 잘 익은 시점에서 이미 구할 수 없는 와인이 되기 일쑤이기 때문이다.

2016년, 그의 스승 패트릭 데플라는 인생 최대의 위기를 겪었다. 그의 포도밭에 심각한 서리 피해가 발생해 전체 포도의 90% 이상을 잃어버린 것이다. 그리고 아끼던 외동딸은 파리에서 아버지가 누군지 모르는 아이를 임신한 채 돌아왔다. 그는 겨우 10%도 채 남지 않은 포도라도 살리기 위해 일 년을 고생해야 할지, 아니면 그냥 한 해를 포기해야 할지 고민하는 동시에 딸에게 낙태를 권할지 여부를 고민했다. 그런데 그때 데플라는 딸이 그린 그림을 보게 된다. 그 그림이 뒤쪽의 와인 레이블이다.

데플라의 딸 디안은 "내 배 속에서 생명이 느껴져요."라고 말하며 그 자라나는 생명의 느낌을 그림에 담았다. 그 순간 데플

패트릭 데플라Patrick Desplats의
단 한 번 만들어졌던 한정판 와인 디안Diane

라는 눈물을 흘리며 배 속의 아이는 운명적인 자신의 손주이고, 얼마 남지 않았어도 자라는 포도는 내 포도라는 것을 받아들이게 되었다. 그는 얼마 남지 않은 포도를 자식처럼 돌보는 동시에 딸을 돌봤다. 그리고 그해 자신의 모든 포도밭의 모든 품종을 합쳐 단 1톤 남짓 수확한 그 포도로 단 700병의 와인을 만들었다. 단 한 번 만들어진 이 와인에는 딸의 그날 그 그림이 붙었다. 이것이 지금은 구하기가 불가능에 가까운, 데플라 최고의 걸작 '디안'이다.

그해에 같은 고민으로 데플라를 찾았던 제자 제롬 소리니도 데플라를 보고 그와 같은 결정을 했다. 그의 레드 품종과 화이트 품종을 모두 섞어 오렌지 와인을 만든 것이다. 2016년 단 한 번 만들어진 제롬 소리니의 걸작 '사쿠라지마Sakurajima'는 이렇게 소량만 남은 포도의 생명력이 터져나오는 맛이 마치 일본 사쿠라지마 섬의 화산이 터지는 것 같다는 레이블과 함께 전설이 되었다. 그리고 2017년에도 병충해로 농사를 망친 소리니는 모든 품종을 섞은 레드 와인이 마치 불의 정령 같은 생명력을 보여준다며 '살라망드르Salamandre'를, 2018년 밀듀 병으로 포도를 잃었을 때도 앞에서 언급한 바 있는 걸작 '친도키Txindoki'를, 2019년의 병충해 피해 때도 살라망드르 타입의 '아레포Arepo' 레드와 친도키 타입의 '사토르Sator', 두 종류의 오렌지 와인을 탄생시켰다. 이 와인들은 모두 디안의 자식들과 같은 와인들이며 누구라도 사랑할 와인이다.

데플라와 소리니의 와인은 내추럴 와인을 만드는 사람들이 자신의 포도를 어떻게 여기는지를 너무나 잘 보여주고 있다고 생각한다.

루아르에서는 또 장 피에르 호비노Jean-Pierre Robinot(또는 장 피에르 로비노)를 빼놓을 수 없다. 호비노는 이미 할아버지 나이지만 열정이 가득한 생산자이다. 그는 22세 때 1964 빈티지 슈냉 블랑을 마시고 와인을 사랑하게 되었다. 수많은 와인을 마시고, 공부하던 그는 1988년 내추럴 와인의 아버지 쥘 쇼베Jules Chauvet와 보졸레의 내추럴 와인 1세대 전설 마르셀 라피에르Marcel Lapierrre를 만나고 그들의 와인을 마시며 인생이 통째로 바뀌었다.

그는 파리 최초의 내추럴 와인 전문 바인 랑주 뱅L'ange Vin을

친도키 Txindoki

설립했다. 그러고는 바로 파리 최고의 와인 전문 잡지 중 하나인, 빨강과 하양이라는 뜻의 〈르 루즈 에 블랑Le Rouge et Blanc〉을 발간했다. 이 잡지는 30년이 넘는 세월 동안 프랑스 내추럴 와인 메이커들의 정보와 와인 시음 노트가 담긴 내추럴 와인의 성경과도 같은 책이 되었다. 12년이 지난 2001년, 그는 자신의 고향 루아르의 샤하뉴에서 자기 와인을 만들기로 했다. 그의 첫 빈티지인 2002년 빈티지는 그가 아직 와인바를 경영하던 때 만든 것이었기 때문에 끊임없이 파리와 루아르를 기차로 오가며 바를 열지 않는 날에만 농사에 집중할 수 있었다. 이 어려움 끝에 탄생한 첫 와인의 이름은 그래서 프랑스 고속 열차 테제베에서 이름을 딴 퀴베 테제베Cuvee TGV다.

이 첫 빈티지 이후 부업으로 와인을 만들 수는 없다는 깨달음을 얻은 장 피에르 호비노는 레스토랑을 완전히 닫고 와인에 집중했다. 최소한 3대 이상을 이어오며 와인을 만들지 않으면 와인 메이커로 인정도 잘 하지 않는 완고한 시골 사람들 사이에서 그는 초반부터 놀라운 퀄리티의 와인을 생산하기 시작했다. 세상 거의 모든 내추럴 와인을 테이스팅하고 비평하던 입맛과 세상 모든 내추럴 와인 메이커를 인터뷰하며 익힌 지식들이 빛을 발하는 순간이었다. 그의 밭 대부분은 60~130년의 올드 바인 포도나무로 이루어져 있다. 선을 넘을 듯 넘을 듯 넘지 않는 볼라틸 뉘앙스가 유니크한 매력을 주는 그의 와인은 정말이지 대체 불가능이다.

르 클로 데 트레이유Le Clos des Treilles와 실비 오쥬호Sylvie Augereau의 와인들도 엄청나다. 내추럴와인협회 회장이기도 했던 메이커로, 엄청난 깊이의 카베르네 프랑 레드 와인과 슈냉 블랑 화이트 와인들은 매우 오랫동안 장기 숙성도 가능하다.

루아르에서 펑키한 타입과 희귀한 품종들로 훌륭한 와인을 만드는 클로 듀 튜 버프Clos du Tue Boeuf나 루아르 펫낫의 최고 장인 레 카프히아드Les Capriades는 또 어떤가! 루아르 내추럴 와인 1세대인 올리비에 쿠장Olivier Cousin과 그의 아들이자 후계자 밥티스트 쿠장Babtiste Cousin 그리고 그들의 멋진 말 조커가 밭을 갈아준 와이너리도 레전드다! 이 외에도 레 메종 브륄레, 도멘 드 벨 에르, 도멘 브히소, 노엘라 모랑탕 등등 루아르에는 수십 개의 유명 내추럴 와이너리와 그들의 제자들로 이어지는 화려한 계보가 있다.

⁑ 보르도 Bordeaux

보르도의 유명 와이너리들은 내추럴 와인의 포도 재배법이나 양조법을 끊임없이 받아들이고 있다. 보르도의 샤토 멜레Chateau Meylet는 이미 그 자체로 클래식한 보르도 우안Bordeaux Right Bank의 와이너리 중에서도 굉장히 상위급의 와이너리다. 수백 년의 역사를 지닌 샤토 르 퓌Chateau Le Puy 역시 『신의 물방울』에도 등장한, 누가 마셔도 맛있는 내추럴 와인이다. 그 외에도 레스티냑Lestignac처럼 보르도에서 전형적인 보르도 와인과는 다른 섬세하면서도 개성 넘치는 와인을 만드는 생산자도 있다. 매우 클래식한 보르도 애호가들에게도 사랑받는 동시에 매우 엄격한 내추럴 와인으로는 오흐미얄Ormiale도 빼놓을 수 없겠다. 1990년부터 내추럴 와인을 시작한 보르도 1세대 내추럴 와인 메이커 도멘 폴 바레Domaine Paul Barre 같은 곳들도 놓치기 힘든 훌륭한 와이너리다.

상대적으로 보르도 지역은 규모가 크고 대량 생산을 하는 곳이 많기 때문에 내추럴 와인으로의 전환이 느린 편이다. 소규모로 고급 와인을 생산하는 우안 지역은 빠르게 변화하고 있다.

⁑ 부르고뉴Bourgogne

부르고뉴의 톱 도멘들은 쥘 쇼베나 피에르 오베르누아 등 내추럴 와인 1세대 레전드들과 직접 교류하며 내추럴 와인에 가까운 와인을 만드는 경향이 크다. 그럼에도 불구하고 완전한 내추럴 와인과 그렇지 않은 곳들은 또 차이가 난다.

필립 파칼레Phillipe Pacalet는 내추럴 와인의 아버지 쥘 쇼베의 제자이며 보졸레 지역 내추럴 와인 1세대 레전드인 막셀 라피에흐의 조카이다. 당연히 본인도 완전한 내추럴 와인 양조자이며 내추럴 와인 운동에 앞장서는 사람이다. 그는 도멘 르루아, 프리외르 로흐, 샤토 하야스(이 셋은 모두 와인 제법상으로는 내추럴 와인이기도 하다)에서 일한 뒤 세계에서 제일 비싼 와인이자 최고의 와인에 손꼽히는 DRC, 도멘 드 라 로마네 콩티의 양조책임자 직을 제안받는다. 하지만 자신의 와인을 만들고 싶다며 거절했다. 파칼레의 스승인 프리외르 로흐Prieure Roche도 마찬가지다. 그는 르루아 여사의 외조카이며 도멘 드 라 로마네 콩티의 일부를 소유한 사람이기도 했다. 하지만 그는 고문서를 연구하며 로마네 콩티의 전설이 시작된 17세기의 와인 양조법을 부활시킨다. 그건 완전한 내추럴 와인 방식의 포도 재배와 와인 양조였다. 도멘 르루아나 로마네 콩티 역시 굳이 내추럴 와인으로 마케팅할 필요가 없을 뿐 내추럴 와인과 거의 같은 방법으로 포도 재배와 와인 양조가 이루어진다.

부르고뉴 내추럴 와인 신에서 1세대 와인 메이커로 손꼽히는 곳은 도미니크 드랭Dominique Derain과 장 자크 모렐Jean-Jacques Morel을 들 수 있을 것이다. 도미니크 드랭은 이제 은퇴하고 남프랑스와 스페인에서 내추럴 와인 제자들을 기르며 재미있는 와인을 만들고 있지만, 그의 제자 줄리엥 알타베르Julien Altaber가 도미니크 드랭의 이름으로 멋진 와인을 매년 생산하고 있다. 그리고 그가 만드는 드랭의 세컨 레인지 이름이 그 유명한 섹스탕Sextant이다. 도미니크 드랭은 더 클래식하게 맛있는 타입으로, 섹스탕은 새로운 양조적 도전을 즐기는 펑키한 타입으로 생산된다. 모렐은 2019 빈티지까지만 만들고 2020년에 은퇴했다. 온화하면서 언제 마셔도 맛있는 그의 와인은 2022년 출시될 일부 2019 빈티지를 제외하면 이제 만날 수 없다.

부르고뉴 내추럴 와인의 신성으로 손꼽을 만한 곳은 알렉산드르 주보Alexandre Jouveaux이다. 원래 샤넬의 사진작가로 일하던 그는 화려하지만 공허한 파리의 패션계와 사교계의 삶에 질려 은퇴하고 부르고뉴에 정착한다. 아내인 샤틀랑은 레드 와인을 만들고 그는 화이트 와인을 만든다. 현재 세계 최고의 화이트 와인 메이커로 이름 높은 도멘 르플레브의 앤 클로드 르플레브Anne Claude Leflaive 여사가 본인이 자비로 매년 컬렉팅 하는 가장 좋아하는 와이너리라고 평할 정도이다. 사실 수십~수백만 원에 이르는 르플레브의 와인과 가장 닮은 와인이기도 해서 오히려 가성비가 좋다는 평과 함께 전 세계적으로 출시되자마자 사라지는 와인이기도 하다. 또한 프레데릭 코사르Frederik Cossard도 당대에 거장 소리를 듣는 내추럴 부르고뉴 메이커에서 빠질 수 없다.

부르고뉴 내추럴 와인에서 가장 주목받는 생산자는 누가 뭐래도 얀 뒤리유Yann Durieux다. 뒤리유는 중학생 때부터 부르고뉴의 또 다른 내추럴 와인의 거성이며 신성 로마제국에 서기 910년부터 왕실에 납품된 전설적인 와인 마콩 후즈 퀴베 910을

셱스탕 맘마미아Sextant Ma Ma Mia

위: 섹스탕 부르고뉴 블랑Sextant Bourgogne Blanc

아래: 섹스탕 부르고뉴 루즈Sextant Bourgogne Rouge

생산하는 빈뉴 뒤 맨Vignes du Maynes에서 포도 재배와 와인 양조를 공부하며 일했다. 이후 프리외르 로흐에서 일한 뒤 독립하게 되었다. 지금은 그의 가장 기본 화이트인 러브 앤 핍Love&Pif이 부르고뉴 최고의 알리고테 와인 중 하나로 꼽히며, 그의 최고 레드 와인인 자노Jeannot는 도멘 로마네 콩티의 에세조를 블라인드 테이스팅에서 이기며 부르고뉴 최고의 와인 중 하나로 평가받고 있다.

⁑ 보졸레Beaujolais

보졸레에는 먼저 '갱 오브 포Gang of 4'라는 내추럴 와인 1세대 레전드 와이너리들이 있다. 이 와이너리들은 쥘 쇼베의 직계 제자들로, 쥘 쇼베가 보졸레 출신의 전설적인 와인 메이커였기 때문에 자연스럽게 이들도 보졸레에서 활동하게 되었다. 마르셀 라피에르Marcel Lapierre, 장 포이야드Jean Foillard, 장 폴 테브네Jean-Paul Thevenet 그리고 기 브흐통Guy Breton, 이 넷이다. 어떤 사람들은 여기에 이봉 메트라Yvon Metra를 넣어 갱 오브 파이브Gang of 5라고 부르기도 한다. 이 생산자들은 깨끗한 주시함과 부르고뉴

얀 뒤리유Yann Durieux의 와인들

에 뒤지지 않는 집중력이 있는 전통적인 섬세한 보졸레 와인으로 1970년대 말부터 큰 명성을 얻은 와이너리이다. 심지어 오래 와인을 마셔온 사람들 중에는 이 생산자들의 와인이 내추럴 와인인 줄 모르고 맛있게 즐긴 경우도 많을 것이다.

반대로 보졸레에서 새로운 도전을 하는 와이너리들도 있다. 앞에서 설명한 바 있는 도멘 샤펠도 그런 케이스다. 또한 도멘 라팔뤼Domaine Lapalu의 장 클로드 라팔뤼Jean Claude Lapalu야말로 새로운 보졸레 내추럴 와인의 명성에 방점을 찍은 전설적인 와이너리로 갱 오브 파이브에 비견할 만한 레전드이다. 라팔뤼의 와인은 병입할 때도 이산화황을 전혀 쓰지 않는 완벽한 내추럴 방식의 와인이다. 평균 수령 60년을 비롯해 100년이 넘은 올드 바인도 가지고 있다. 그는 1996년에 와이너리를 세우고 2000년부터 와인 판매를 시작했다. 이제는 20년 경력의 베테랑이지만 그가 처음 와인을 만들었을 때에는 굉장한 이슈가 되었다. 왜냐하면 그는 암포라 토기로 보졸레 와인을 발효하는 시도를 했기 때문이다. 그의 최고 와인인 알마 마터Alma Mater는 처음에는 피노 누아와 가메Gamay의 블렌딩으로 암포라에서 발효와 숙성을 거쳤다. 하지만 점점 자신이 재배한 가메의 품질에 자신이 생긴 그는 가메 100%로 모든 와인을 만들기 시작했다. 그가 전 세계 와인 애호가들에게 사랑받게 된 계기는 의외로 와인 전문 잡지 〈와인 스펙테이터Wine Spectator〉와의 일화 덕분이었다.

암포라를 써서 굉장히 클래식하면서 섬세하고 깊이 있는 보졸레 와인을 만드는 생산자가 있다는 이야기를 들은 〈와인 스펙테이터〉에서 와이너리를 방문해 와인을 평가하고 싶다는 이야기를 장 클로드 라팔뤼에게 전했다. 하지만 라팔뤼는 와인에 점수를 매기는 사람에게 자신의 와인을 맛보여줄 수는 없다고 답했다. 〈와인 스펙테이터〉 입장에서는 체면을 구기는 일이었으나 와인 평론가들을 보내 보졸레 지역의 숍에서 직접 장 클로드 라팔뤼의 와인을 공수해서 테이스팅 평가를 했다. 결과는 놀라웠다. 알마 마터가 90점대 점수를 받았고, 와이너리의 모든 와인이 찬양에 가까운 테이스팅 노트와 함께 고평가를 받았기 때문이다. 내추럴 와인을 좋게 평가하지 않았던 그 시기에 〈와인 스펙테이터〉가 극찬을 한 덕분에 내추럴 와인을 싫어하던 와인 애호가들도 라팔뤼의 와인을 마시고 빠져들게 되었다.

지금은 라팔뤼의 가장 아랫급의 레드 와인인 보졸레 빌라쥐

마저 로버트 파커 92점을 받는 등 내추럴 와인 신에 국한하지 않더라도 전 세계가 사랑하는 와이너리가 되었다.

보졸레에는 뛰어난 생산자들이 무척이나 많다. 앞에서 살펴본갱 오브 파이브의 친척들과 후계자들, 제자들 그리고 쥘 쇼베의 영향을 받은 다른 사람들과 그 라인들까지, 평생 보졸레의 명작 내추럴 와인만 마시고 살아도 매일 다른 와인을 마실 수 있을 정도이다.

⁑ 샹파뉴 Champagne

샹파뉴 지역의 샴페인은 아주 엄밀하게 말하면, 샴페인 AOC를 유지하면서 완벽한 내추럴 와인일 수는 없다. 샴페인은 법적 규정상 2차 발효 시에 당분과 배양 효모를 써야 하기 때문이다. 이러한 부분에 딴지를 거는 사람이 많아 프랑스 내추럴와인협회(AVN, Association des Vin Natuels)의 초대 회장이던 자크 셀로스의 앙셀므 셀로스도 공식적으로 본인의 샴페인이 내추럴 와인이라고는 하지 않게 되었다. 하지만 1차 원액을 완벽한 내추럴 와인으로 만들어 그 특성이 잘 드러나는 샴페인을 굳이 내추럴 와인 분류에 넣지 않는 것도 이해하기 힘든 일이다.

1세대 내추럴 샴페인을 이야기하자면 결코 빼놓을 수 없는 생산자가 바로 휘패흐 르후아Ruppert-Leroy로, 제랄드 휘패흐 르후아와 그의 딸 베네딕트 르후아의 샴페인 하우스이다. 휘패흐 르후아는 상파뉴의 남동쪽 한계선에 위치한다. 부르고뉴 코트 도르와 단 5킬로미터밖에 떨어지지 않았을 정도이다. 그러다 보니 휘패흐 르후아의 샴페인은 '버블을 품은 부르고뉴'라는 아름다운 별명을 지녔다.

1970년대에 세계적인 샴페인 붐에 휩쓸려 샴페인 생산량을 늘리기 위해 비료와 농약투성이가 된 고향을 보고 절망한 제랄드 루페르트는 그 시대에 선구적으로 유기농법을 주창하고 생산량이 적더라도 더 좋은 포도를 생산하자고 이야기했다. 하지만 대형 샴페인 하우스도 아닌 포도 생산자였던 그의 주장은 무시되기 일쑤였다.

이때 딸 베네딕트 르로이가 인생을 걸고 뛰어들었다. 아버지의 포도로, 자연적인 방식으로 아주 소량이지만 정성과 사랑이 가득한 샴페인을 생산했다. 4년 후 딸은 아버지를 더 괴롭힌다. 내추럴 와인 레전드인 쥘 쇼베, 프랑스 내추럴 와인 운동의 아버지 피에흐 파이야흐와 만나 가장 엄격한 비오디나미 농법, 가장 엄격한 내추럴 와인 메이킹을 적용했다. 그리고 피에르 오베르누아와 교류하면서 특히 이산화황을 쓰지 않되, "그냥 안 넣어야 해서 안 넣는 게 아니라 밭에서 할 일을 다 해서 안 넣어도 완벽하니까 안 넣는 것이다."를 배우게 된다. 완벽주의자인 베네딕트는 샴페인 뚜껑의 캡에도 정성 들여 그린 그림을 랜덤으로 넣는다. 그래서 휘패흐 르후아의 애호가는 매년 모든 캡을 모으기 위해 여러 병을 구입한다.

이 외에도 샤를 뒤푸Charle Dufour처럼 완벽한 내추럴 원액의 은은한 산화 향을 메인 캐릭터로 내세우는 샴페인 하우스부터 라에르트 프레르Laherte Freres처럼 깨끗하고 깔끔한 샴페인을 만드는 하우스, 앙리 지로Henri Giraud처럼 암포라를 적극적으로 사용하는 하우스, 보네 퐁송Bonnet Ponson처럼 자연을 강조하는 곳, 프랑크 파스칼Frank Pascal처럼 시간이 아주 오래 필요한 굳건한 구조의 샴페인이지만 익은 뒤에는 엄청나게 맛있어지는 곳, 클

샴페인 라에르트 프레르 로제

Champagne Laherte Freres Rose

란데스틴Clandestin처럼 밸런스 좋은 샴페인을 만드는 하우스 등등 RM 샴페인 중에서는 뛰어난 와이너리들이 대부분 내추럴 방식으로 1차 원액을 만든다고 해도 과언이 아니다.

⁑ 쥐라 Jura

쥐라 하면 쥐라기를 떠올리는 사람이 많을 것이다. 쥐라기라는 말이 바로 쥐라 지역의 토양이 만들어진 시대라는 뜻이다. 쥐라기 시절에 쥐라 지역은 바닷속에 있었다. 그래서 쥐라의 와이너리에선 암모나이트 화석이 굴러다니는 곳들이 많다. 쥐라는 이러한 미네랄이 가득하지만 척박한 땅의 알프스 산맥에서 내려오는 쥐라 산맥이 있는 고산 지대이다. 이 쥐라는 내추럴 와인의 성지로도 유명하다. 쥘 쇼베와 교류하며 최초의 내추럴 와인 메이커 중 하나가 되고, 내추럴 와인의 신이라는 별명까지 있는 피에르 오베르누아 덕분이다. 그의 영향으로 쥐라의 와인 스타일은 크게 바뀌고, 쥐라에는 그 어떤 지역보다도 내추럴 와인의 비중이 높게 되었다. 피에르 오베르누아의 와인은 아직 한국에 수입되지 않았다.

내추럴 와인 경험이 적었던 시절, 그의 와인을 마셔볼 기회가 있었다. 와인 선배들이 함께 마시자며 소개했을 때, 피에르 오베르누아를 직접 만난 날 쥐라 현지에서 몇 번 경험하고 최근 몇 가지 퀴베를 다시 경험했다. 이제는 한국에도 피에르 오베르누아의 와인을 많이 마시고 도멘을 여러 번 방문한 사람들도 꽤 있다. 여러 번 이 와인을 경험해 보니 내추럴 와인 애호가들이 왜 오베르누아의 와인을 칭송하는지, 돈이 있거나 구할 수 있어도 여러 내추럴 와인을 마셔보기 전에, 와인이 충분히 익기 전에 섣불리 마시지 말라고 하는지를 조금은 이해할 수 있었다.

수 부알* 방식으로 산화 숙성을 진행하던 쥐라의 사바냥에 섬세한 우이에** 방식이라는 선택지를 부여한 것도 오베르누아

* 프랑스 쥐라 지역의 전통적인 화이트 와인 양조법으로 '베일 아래에서'라는 뜻이다. 모든 와인 양조통은 주기적으로 원액을 가득 채워 산화를 막지만 쥐라의 특별한 테루아에서는 원액을 채우지 않고 계속 증발시키면 독특한 효모층이 와인 위에 떠서 마치 와인 위에 베일을 씌우고 베일 아래에서 와인이 익는 것 같은 형태가 된다. 이것을 수 부알이라고 하며, 와인이 천천히 산화되지만 완전히 식초가 되지는 않고 독특한 효모 풍미가 와인에 녹아 호두, 잣과 같은 견과류 향, 은은한 위스키 향과 감칠맛이 배어들게 된다.

** 수 부알을 하지 않고 일반적인 와인 양조법처럼 증발한 양을 계속 채워가며 숙성하는 방법이다. 쥐라 지역의 화이트 와인은 전통적으로 모두 수 부알 방식으로 양조되었기 때문에 수 부알 방식을 쓰지 않은 와인들을 우이에라고 부른다.

의 업적이다. 산화를 통해 유질감과 고소한 향을 불어넣고 숙성으로 거친 맛을 줄이기 전까지는 마시기 힘들다고 해오던 사바냥을 그 자체로 매력적인 품종이라 주장하고, 그걸 모두에게 납득시켰다. 이런 그의 업적 덕분에 수많은 맛있는 우이에 사바냥을 만나볼 수 있다.

그 원조 중 최소한 두 가지 이상의 빈티지를 경험하면, '각 빈티지의 특성을 이렇게 잘 표현할 수도 있구나'라는 경이로움과 산화 숙성을 안 했는데 며칠에 걸쳐 천천히 마시며 변화하는 생명력에 감탄하게 된다. 다양한 쥐라 사바냥을 경험하기 전에는 느끼기 힘든 가치다. 그의 샤도네는 나도 단 한 번, 단 한 잔밖에 마셔보지 못해서 이야기하기가 조심스럽다. 하지만 쥐라에서는 익은 사바냥을 마시기 전에 마실 수 있는 어린 와인 정도로 폄하되거나 외국의 와인 상인들에게 어느 정도 부르고뉴 샤르도네 같은 느낌으로 수입해 가는 저렴한 와인 취급을 받던 쥐라 샤르도네를 하나의 신흥 종교처럼 추앙받게 만든 원조 와이너리가 바로 피에르 오베르누아다. 서늘한 테루아의 깊이를 끝없이 줄 수 있는 쥐라의 땅의 맛 같은 샤르도네라고 생각한다.

그의 와인은 충분한 시간이 필요한 경우가 많고, 최소한 지금의 '오른' 가격의 가치는 마시는 사람에게도 충분한 내추럴 와인 테이스팅 경험을 요구하는 경우가 많다. 특히 개인적으로는 한 병을 온전히 여러 날 동안 혼자서 혹은 사랑하는 사람과 둘이서 마셔야만 느낄 수 있는 포인트가 있다고 생각한다. 그래서 오히려 아무리 귀하고 비싸더라도 시음으로 한 잔씩 마시는 것은 추천하지 않는다.

나도 앞으로 평생 와인 생활을 하며 얼마나 더 피에르와 엠마누엘의 와인을 온전히 만날 수 있을지 궁금하고, 기대도 된다. 피에르 오베르누아와 그의 영향을 받은 수많은 제자만큼이나 쥐라 내추럴 와인 신에 위대한 와이너리들 대부분은 이제 한국에 정식 수입이 된다.

정교하고 섬세한 장기 숙성형 와인이 나오는 도멘 라베Labet는 피에르 오베르누아와 거의 동시기에 쥐라의 우이에 방식을 만든 전설적인 생산자이다. 레드와 화이트, 뱅 존 타입 모두 세계 최고급의 퀄리티로 생산해 낸다. 피에르 오베르누아의 양자로 현재 오베르누아 와인을 만드는 엠마누엘 우이용의 여동생 아들렌 우이용Adeline Houillon과 피에르 오베르누아의 제자이자

아들렌의 짝 흐노 부이에Renaud Bruyere 커플이 만드는 흐노 부이에 에 아들렌 우이용 와이너리의 와인들도 깨끗하고 섬세한 와인이다. 펑키한 쪽에서는 난쟁이 그림의 귀여운 레이블로 특히 인기 높은 옥타방L'Octavin과 쥐라 최고의 천재 와인 메이커 중 하나로 클래식한 고가 라인업과 펑키한 기본 라인업 모두 톱 클래스인 도멘 갸느바Domaine Ganevat도 놓칠 수 없다. 갸느바의 부인 마리스 베르나르의 '제호인Zeroine' 등 쥐라의 전설적인 내추럴 와인 메이커들의 이름만 나열해도 책 한 권이 모자랄 지경이다!

오베르뉴Auvergne

오베르뉴는 가메와 샤도네를 보졸레와는 다른 방식으로 풀어내는 멋진 생산지이다. 보졸레의 고지대도 화산 토양으로 이름 높지만 오베르뉴는 특히 철분과 미네랄이 강렬한 검은 화산 토양에 해발 400~500미터에 이르는 고지대로 유명하다. 오베르뉴는 고지대에 대륙성 기후이기 때문에 부르고뉴나 보졸레보다 더 춥고 더 미네랄리티와 산미가 터져나오며 더 화산 토양의 영향이 더 큰 와인 산지이다. 컨벤셔널 와인에서는 오베르뉴는 와인 생산량이 많지도 않고, 그렇게 중요하지 않은 생산지로 평가하곤 하지만 내추럴 와인에서는 펑키한 가메와 효모 뉘앙스 가득한 샤도네가 나오는 멋진 생산지이다.

생산량이 극도로 적은 와중에 펑키하고 주시하며 섬세함을 모두 갖춘 와인들을 생산하는 카트린 뒤모라Catherine Dumora나 파트릭 부주Patrick Bouju 같은 생산자는 결코 놓치고 싶지 않은 어마어마한 와인들을 생산한다. 파트릭 부주의 와이너리 '라 보엠'은 동명의 오페라에서 따온 이름으로 각 와인들이 겨우 오크통 1~2개 만들어질 정도로 소량의 한정판 와인을 만들어내는 것으로 악명 높다. 유명하고 누구나 마시고 싶어 하지만 전 세계적으로 1년에 한 종류당 230병 정도만 풀리니 볼 수가 없다.

⁑ 론Rhone

론 지역에서는 모든 와인 애호가가 찬양하는 샤토네프 뒤 파프Chateauneuf du Pape의 거성 샤토 하야스Chateau Rayas가, 쥘 쇼베가 극찬했던 내추럴 와인 방식으로 포도 재배와 와인 양조를 완벽하게 해내는 와이너리이다. 하지만 하야스는 내추럴 와인 운동이 체계화하기 전부터 내추럴 와인 방식으로 와인을 만들었으며 이미 세계적으로 유명하기 때문에 굳이 본인들의 와인을 내추럴 와인으로 홍보하지는 않는다.

본인의 와인이 내추럴 와인임을 적극적으로 밝히는 생산자 중에서도 론 지역의 레전드들이 있다. 바로 북부 론 크로즈 에르미타주Crozes Hermitage 최고의 와인 메이커 다르 히보Dard et Ribo와 코트 로티Côte-Rôtie의 톱 클래스 와인 메이커 장 미셸 스테판Jean M. Stephan이다. 다르히보는 르네 장 다르와 프랑소와 히보 두 친구가 1984년부터 만들어온 내추럴 와인이다. 에르미타주에 비해 늘 무시당하던 크로즈 에르미타주 지역에서 세계적인 톱 퀄리티의 와인을 만들며, 특히 너무 더워서 산미가 떨어지는 재미없는 와인들이 나온다는 평가를 종종 받곤 했던 북부 론 화이트를 섬세하고 산미 밸런스 좋은 깨끗한 와인으로 만들며 전 세계적인 사랑을 받은 와이너리이기도 하다.

장 미셸 스테판Jean-Michel Stephan은 북부 론에서 법적으로는 사용 가능하지만 거의 멸종에 가깝게 사라졌던 세린Serine 품종을 단독으로, 혹은 시라와 블렌딩하여 코트 로티 지역을 대표하는 퀄리티로 양조해 내는 천재이다. 세린은 시라와 매우 비슷한 특성을 많이 가지지만 시라보다 알이 더 작고 더 조밀하며 더욱 농축된 향과 미네랄리티를 가지는 특별한 품종이다. 오랫동안 잊혔던 이 품종은 100년이 넘은 올드 바인으로 만들어낸 장 미셸 스테판의 훌륭한 와인과 함께 전 세계에 알려졌고 코트 로티 최고의 품종이라는 이야기까지 듣게 되었다.

북부 론과 남부 론 사이에서 오랫동안 무시되던 작은 마을 아르데슈에서는 도멘 르 마젤Domaine Le Mazel의 제랄드 오스트릭Gerald Ostric 덕에 새로운 스타일의 론 와인들이 탄생했다. 그는 첨단 와인 양조학을 배운 양조학 교수이다. 동시에 1980년대부터 막셀 라피에흐와 교류하며 내추럴 와인 양조법을 배우고 론의 품종들로 멋진 볼라틸이 있는 가볍고 주시한 와인들부터 클래식하고 묵직한 와인들까지 다양한 내추럴 와인을 생산해 왔다. 피치 시리즈 등 매년 이름이 바뀌는 한정판 와인들과 아름다운 와인 이름, 유니크하면서 너무나 주시하게 맛있는 맛

위: 안드레아 칼렉 블롱드Andrea Calek Blonde

아래: 안드레아 칼렉 바비올Andrea Calek Babiole

위: 안드레아 칼렉 샤통 드 갸흐드Andrea Calek Chatons de Garde

아래: 안드레아 칼렉 블랑Andrea Calek Blanc

과 향으로 전 세계 내추럴 와인 애호가들을 사로잡는 앤더스 프레드릭 스틴Anders Frederik Steen과 잘생긴 외모만큼이나 멋진 와인을 만드는 안드레아 칼렉Andrea Calek 같은 제자들을 키워내고, 이 제자들에게 기꺼이 자신의 밭과 양조 장비를 빌려주기까지 했다.

⁑ 랑그독 루시옹 Languedoc Rousillon

랑그독 루시옹은 컨벤셔널 와인에서는 마치 프랑스의 칠레 같은 취급을 받는 생산지이다. 지역적 전통은 무시당하기 일쑤이고 포도 품종명이 쓰인 저렴한 대량 생산 와인을 만들어내는 지역이라는 선입견에 시달리고 있다. 하지만 내추럴 와인에서는 이야기가 다르다. 브루탈 운동을 만들어낸 전설적인 와인 메이커 라 소르가La Sorga나 헤미 푸졸Remi Poujol 같은 생산자들이 바로 랑그독 루시옹에 있다. 늘 새로운 와인을 만드는 멋진 에스다키Es d'Aqui나 인도, 동남아 요리의 향신료와 멋들어지게 어울리는 와인을 만드는 실방 속스Sylvain Saux 같은 와이너리도 바로 랑그독 루시옹 출신이다.

내추럴 와인에서는 랑그독 루시옹이 피레네 산맥을 두고 스페인의 카탈루냐 지방과 연결되는 것 때문에 이 두 지방의 와인 메이커들이 서로 긍정적인 영향을 주고받으며 자주 교류한다. 덕분에 이 두 지역은 모두 내추럴 와인의 성지 중 하나다.

⁑ 그 외 지역

내추럴 와인 운동의 가장 멋진 점은 대량 생산에서 밀려나 과거의 전통을 잃어가는, 현재 '덜' 유명한 와인 산지들의 와인 전통을 부활시켜 와인의 개성과 다양성을 더 늘려준다는 점이다. 프랑스 전역에는 수많은 내추럴 와인 메이커들이 있고 그들이 어마어마한 와인들을 생산한다.

프랑스 남서부의 르 플뤼Le Pelut는 투명한 병과 아름다운 와인 색, 귀여운 와인 이름 그리고 매년 똑같은 품종의 와인이라도 그 해 빈티지 특성과 어울리는 새로운 이름을 붙여 모든 와인을 한정판으로 만들어버림으로써 많은 사랑을 받는 와이너리이다.

로렌Lorraine의 스테판 시랑Stephane Cyran도 굉장히 멋진 와이너리이다. 로렌은 알자스와 더불어 프랑스와 독일의 국경 지대이다. 그래서 소설 『마지막 수업』의 배경이 되기도 했다. 전쟁에서 누가 이기느냐에 따라 프랑스 땅이었다, 독일 땅이었다를 반복한 이 땅은 2차 세계 대전에서 프랑스가 이겼기 때문에 지금은 프랑스 땅이다. 로렌 지역은 알자스와 독일, 상파뉴, 룩셈부르크 등과 인접한, 알프스 산맥의 북서쪽 끝자락이다. 땅은 알자스와 닮았고 기후는 상파뉴와 닮았다. 스테판 시헝은 다양한 로렌 품종을 재배하지만 특히 가메 품종으로 레드, 로제 그리고 샴페인과 비견할 만한 멋진 펫낫을 생산한다.

카오르Cahor의 로스탈L'Ostal도 소개해야 할 생산자이다. 진하고 무겁기로 유명한 말벡 품종의 원산지인 카오르에서 말벡으로 진하고 무거운 레드 와인을 만드는 것뿐 아니라 피노 누아로 착각할 정도로 순수하고 섬세한 와인까지 만든다.

알프스 산맥의 사부아는 멸종 위기의 그헝제Gringet 품종으로 상파뉴 이상의 스파클링과 부르고뉴 이상의 화이트를 만든 영웅 벨뤼아흐Bellurasd나 사부아 품종들로 세계적인 사랑을 받는 장 이브 페롱Jean Yves Peron도 있지만, 매우 특이하게도 전 세계 내추럴 와인 애호가들이 사랑하는 맥주 생산자 부아홍Voirons의 크리스토프도 있다. 크리스토프는 미슐랭 3스타 소믈리에 출신이다. 그는 내추럴 와인을 좋아하는 소믈리에로도 세계 최고가 되어보고, 프랑스 최대의 내추럴 와인 전문 숍을 만들어 그것도 성공시켰다. 이른 은퇴 후 그는 멋진 프로젝트를 진행했다. 사부아의 고대 로마 때부터 유명했던, 알프스 산맥의 빙하 녹은 물이 지하수가 된 루싱게 우물물을 쓰고, 내추럴 와인 업계에서 가장 최고 와이너리들의 와인을 담았던 오크통에, 내추럴 방식으로 기른 보리와 밀, 홉을 쓰고, 내추럴 와인 업계 최고 거장들의 와인을 만들고 난 효모로 만드는 '가장 내추럴 와인 같은 맥주' 만들기가 그의 프로젝트였다. 갸느바, 클로 후자, 벨뤼아흐 같은 전설적인 와이너리들이 그에게 오크통과 효모를 준다. 그의 맥주는 맥주라기보다 최고의 내추럴 와인 같다.

이탈리아

이탈리아는 프랑스 바로 다음으로 많은 내추럴 와인 생산량은 물론이고 다양한 내추럴 와인 메이커를 보유하고 있다. 피에몬테 최고의 내추럴 와인 메이커 카제 코리니Case Corini의 오너 로렌조 코리노Lorenzo Corino의 와인들은 꼭 경험해 보아야 한다. 그는 90권 이상의 포도 재배와 와인 양조 과학 서적의 공동 저자이기도 하다. 완벽한 지식과 열정으로 아무런 결점 없이 누가 마셔도 맛있는 와인을 만드는데 내추럴 와인의 생명력이 가득한 네비올로와 바르베라, 돌체토 품종의 레드 와인들을 만들었다. 2021년에 로렌조 코리노는 노환으로 사망했다. 코로나19 이전에 꼭 한국에 오겠다고 약속했던 그의 사망이 너무나 아쉽다.

피에몬테에는 스테파노 벨로티Stefano Bellotti가 있다. 가격도 맛도 좋은 벨로티 시리즈들, 가볍고 오래 숙성되지 않는 와인들만 생산되던 가비Gavi 지역에서 장기 숙성 가능한 정말 좋은 와인을 만들자 공무원들이 가비 스타일과 다르다며 이탈리아 와인 최고 등급인 DOCG 등급 부여를 거부했고, 이에 화가 난 벨로티는 와인 이름으로 가비를 거꾸로 써서 이바그Ivag라고 붙였는데 너무나 맛있어서 전 세계적으로 유명해졌다는 전설 같은 일화가 있다. 이바그, '강아지 와인'으로 이름 높은 필라뇨티 등 수많은 인기 와인들이 있다.

이탈리아 북동부, 프리울리Friuli 지역은 오렌지 와인의 성지와도 같다. 강 하나만 건너면 슬로베니아와 인접한 덕에 슬로베니아 출신의 전설적 와인 메이커 라디콘Radikon과 그라브너Gravner가 프리울리에서 전설적인 와인들을 만들고 수많은 천재적인 제자들을 키워냈기 때문이다. 암포라를 쓰는 그의 오렌지 와인 말고도 레드 와인들도 어마어마하다. 이 둘은 특히 현대적 오렌지 와인의 아버지라 할 수 있다.

스테파노 벨로티 이바그Stefano Bellotti IVAG

스테파노 벨로티 로사 비노Stefano Bellotti Rosa VINO

스테파노 벨로티 로소 비노Stefano Bellotti Rosso VINO

스테파노 벨로티 비앙코 비노 Stefano Bellotti Bianco VINO

다닐로 마르쿠치Danilo Marcucci와 '요다 프로젝트' 이야기는 절대 빼놓을 수 없다. 천재적인 이탈리아 내추럴 와인 메이커 다닐로는 이탈리아 전역에서 내추럴 와인을 꽃피우기 위해 자신의 와인을 더 만들기보다는 수많은 제자를 키우는 데 주력한다. 그리고 영화 〈스타워즈〉의 팬이었던 그는 제다이 기사단을 가르치는 제다이 마스터, 요다의 역할이 바로 자신이라 주장하며 내추럴 와인의 요다 프로젝트를 시작했다. 그가 가르친 요다 프로젝트 와인들은 그의 엄격한 평가를 통과해야만 '요다 프로젝트'의 이름으로 출시될 수 있기 때문에 다들 엄청나게 좋다. 이미 수십 곳의 요다 프로젝트 와이너리가 탄생했고 모두 좋은데, 그중에서 톱 클래스급만 언급하자면 마테오 풀라니Matteo Furlani, 티베리Tiberi, 비니 라바스코Vini Rabasco, 콜레카프레타Collecapretta, 코네스타빌레Conestabile 등이 있다.

내추럴 와인이자 슈퍼 투스칸 와인(이탈리아 토스카나 지역에서 만드는 보르도 스타일 와인)인 토스카나Toscana의 마사 베키아Massa Vecchia도 놓칠 수 없는 와이너리이다. 모든 와인의 생산량이 너무나 적어 '유니콘'이라는 별명을 가지고 있지만 모든 와인이 믿을 수 없이 아무런 결점 없이 좋다. 레드와 오렌지, 로제 모두 톱 클래스급 퀄리티로 생산된다.

프로세코의 오렌지 펫낫 1세대 와이너리 코스타딜라Costadila는 2018년 와인 메이커 에르네스토가 세상을 떠났지만 친구들이 계속 와인을 생산하고 있다. 프로세코를 만드는 글레라 품종을 주 품종으로 스킨 컨택한 오렌지 와인 베이스로 펫낫을 만드는 것은 에르네스토가 최초였지만 지금은 그의 성공을 따라 전 세계에서 오렌지 펫낫이 나오고 있다.

우정 어린 두 와이너리 라미디아Lammidia와 인디제노Indigeno의 와인들도 놓칠 수 없다. 펑키하며 주시한 동시에 섬세한 와인을 만드는 이 두 와이너리는 둘의 와인을 블렌딩한 한정판 오렌지 와인 두보트Ddubbott로 컬래버레이션 되기도 했다. 이 둘은 모두 주시하면서도 펑키한데 쿰쿰하다기보다는 과실 향과 생명력이 가득한 타입으로 전 세계가 사랑한다.

이탈리아 사르데냐 섬의 두 내추럴 와이너리 메이감마Meigamma와 지오바니 몬티시Giovanni Montisci도 빼놓을 수 없다.

메이감마는 '점심 식사 후 낮잠'이라는 뜻으로, 슬로푸드 운동과 슬로 라이프를 지향하는 멋진 와이너리다. 바바라와 조셉 부부의 이 와이너리는 사르데냐 토착 품종들로 아주 섬세하고 꽃향기 가득한 멋진 화이트와 오렌지, 마시기 쉬운 주시한 레드 와인부터 묵직한 레드 와인까지 모든 와인을 만들어낸다. 또 메이감마 와이너리의 모든 와인은 그 밭의 포도와 함께 자라는 토착 허브와 들꽃들이 레이블에 그려져 있다. 와인은 포도만이 만든 것이 아니라 그 밭에서 함께 자란 생명 모두가 함께 만든 것이라는 아름다운 뜻에서 나온 레이블이다. 그리고 모든 메이감마 와인에는 오너 부부가 직접 손으로 묶은 사르데냐 전통 매듭이 귀엽게 달려 있다. 이것은 아기가 태어났을 때 한국에서 금줄을 치는 것과 같은 방식으로 쓰기도 하고 행운과 건강을 비는 매듭이기도 하다. 그들의 모든 와인이 데미지를 입지 않고 온전하게 사람들을 기쁘게 해주라는 아름다운 기도를 담고 있다.

지오바니 몬티시는 이미 앞에서 설명을 했으니 이름만 언급하고 넘어가겠다. 내추럴 와인 신에서 가장 진하고 묵직한 와인을 만들어내는 멋진 와이너리이다.

시칠리아 섬 남부 판테렐리아Pantelleria 섬의 가브리오 비니Gabrio Bini는 화살표 같은 와인 레이블 덕에 '화살표 와인'으로도 유명하다. 오렌지 와인들과 레드 와인들 그리고 1년에 딱 600병씩만 만드는 한정판 와인들로 이름 높은 동시에 악명 또한 높다. 마치 향수 같은 그의 와인을 마시고 싶은데 수량이 적어서 매년 만나보기가 너무나 힘들어서이다. 현재는 가브리오 비니의 여러 제자들이 판테렐리아와 시칠리아 등지에서 비슷한 스타일의 와인을 다양하게 생산하고 있다. 구하기 어려운 가브리오 비니 대신 제자들의 와인을 구하는 것도 방법이다.

코네스타빌레 델라 스타파 비앙코 코네스타빌레
Conestabile della Staffa 'Bianco Conestabile'

위: 마사 베키아 바토네Massa Vecchia Batone

아래: 코스타딜라 450 slmCostadilà 450 slm

메이감마 비앙코 세콘도Meigamma Bianco Secondo

스페인, 독일, 오스트리아

스페인의 멘달Mendall과 조안 라몬 에스코다Joan Ramon Escoda는 브루탈 와인의 대표 주자다. 그러나 그들의 와인은 늘 소량 수입되어 한국에서 만나기가 너무 어렵다. 그러니 이 와인을 보면 꼭 바로 경험해 보아야 한다! 스페인 바스크 지방의 초민 에차니즈Txomin Extaniz는 그렇게 비싸지 않은 가격에 디캔터와 와인 스펙테이터에서 90점 이상의 점수를 받으며, 특히 로제 와인은 〈와인 스펙테이터〉가 선정한 올해의 100대 와인 중 68위를 하기도 했다. 카탈루냐에서는 파르티다 크레우스Partida Creus를 빼놓을 수 없다. 이탈리아 출신 커플이 스페인에 건너와 카탈루냐 토착 품종들의 버려진 올드 바인 밭들을 자식처럼 돌보며, 각 품종 이름의 약자를 크게 쓴 아름다운 레이블의 와인들을 만들어 전 세계인의 사랑을 받고 있다. 펑키·주시한 그들의 와인은 특히 한식과 잘 어울린다. 바란코 오스쿠로Barranco Oscuro는 그라나다 시 근처의 매우 높은 고지대에서 굉장히 훌륭한 와인을 만든다. 태양 가득한 그라나다 근교이지만 워낙 고지대인 덕에 당도와 산도, 향, 맛이 모두 충만한 훌륭한 와인이 탄생한다.

스페인에서는 대체로 바스크 지역의 내추럴 와이너리가 비중이 높고 다양하지만 최근 들어 스페인 전역에 새로운 내추럴 와이너리들이 생겨나고 있다. 다양한 신규 내추럴 와이너리들이 훌륭한 가격에 멋진 개성을 뽐내고 있어서 미래가 기대된다.

독일은 이 책의 원고를 쓰기 시작했을 즈음만 해도 내추럴 와이너리가 그렇게 많지 않은 곳이었다. 춥고 척박한 기후 탓에 완벽한 내추럴 방식으로 포도를 재배하고 와인을 양조하기가 쉽지 않다. 하지만 독일 최초의 펫낫 생산자 다니엘 브란트Daniel Brand의 와인은 한국의 아이돌 샤이니 멤버가 마시는 모습이 TV에 나와 큰 인기를 얻었다. 그의 펫낫 외에도 다양한 화이트 와인과 특급 피노 누아까지 모든 와인이 모범적으로 훌륭하다. 독일 모젤 지역의 트로센Trossen은 단맛 없는 드라이 리슬링으로 모젤 특유의 산미와 미네랄리티의 정점을 끝까지 보여주며 큰 사랑을 받고 있다. 하지만 2022년 현재에는 독일 전역에 새로운 내추럴 와이너리가 속속 생겨나고 있으며 한국에 수입되는 와이너리도 점차 늘고 있다. 독일은 유럽연합 최대 경제권의 국가로 인건비가 비싸기 때문에 독일 내추럴 와인은 가격이 높은 경우가 많다. 하지만 그 가격 이상으로 아름다운 와인이 많아 새로 수입되는 와인이 점점 늘어날 것이 기대되는 산지이기도 하다.

오스트리아에도 내추럴 와인 명가가 많다. 특히 체페 가문이 내추럴 와인의 오스트리아 최고 명가이다. 안드레아스 체페Andreas Tscheppe는 잠자리, 도마뱀 등의 레이블로 유명하다. 볼라틸은 아름답게 올라오는 내추럴 와인으로 유명하다. 도멘 베를리치Werlitsch의 이발트 체페Ewald Tscheppe는 지구의 생명력을 빨아올리는 나무 레이블로 유명하다. 체페의 와인들은 마치 깨를 볶는 것 같은 고소한 리덕션을 아름답게 쓰는 와인으로 이름높다. 또한 구트 오가우Gut Oggau의 에두아르 체페Eduard Tscheppe는 특유의 '얼굴 와인'으로 유명하다. 오스트리아 오가우 마을에

한 가족이 살고 있는데, 그 가족 하나하나를 표현한 와인이라는 '설정'과 유명 팝 아트 예술가 융 폰 매트의 그림 그리고 막장 드라마 같은 각 와인들의 설정이 어우러지며 전 세계 와인 애호가들이 수집하는 와인이 되었다. 또한 구트 오가우는 체페 가문의 아들과 미슐랭 2스타 레스토랑 가문의 딸이 결혼하여 만든 명품 와이너리로서 전 세계 파인 다이닝계에서 가장 애호하는 내추럴 와인이기도 하다. 또한 안드레아 체페와 이발트 체페의 여동생인 마리아 체페가 남편 셉 무스터 함께 만드는 마리아 운드 셉 무스터Maria und Sepp Muster까지 체페 가문이야말로 오스트리아 최고의 내추럴 와인 가문이라 할 수 있다.

그 외에도 유디트 벡Judith Beck, 클라우스 프라이징어Claus Preisinger, 타우스Tauss 등 수많은 내추럴 와인 명가가 있다. 오스트리아는 다양한 가격대에서 전부 최고 품질의 내추럴 와인들이 생산되는 명산지이기도 하다.

바란코 오스쿠로 엘 피노 로호Baranco Oscuro El Pino Rojo

위: 구트 오가우 윌트루드Gut Oggau Wiltrude

아래: 베를리치 폼 오포크 소비뇽 블랑Werlitch Vom Opok Sauvignon Blanc

동유럽

동유럽은 8천 년 전부터 지금에 이르기까지 오렌지 와인 전통을 이어온 멋진 내추럴 와인의 성지였다. 하지만 2차 세계 대전 후 동유럽 전역이 소련의 지배를 받으면서 대부분의 와이너리는 인민에게 나눠줄 와인을 대량 생산하라는 명령을 받게 되었다. 그래서 전통적인 와인 생산은 금지되거나 축소되었고 농약과 비료를 많이 사용하고 생산량을 늘려 품질이 떨어진 와인들이 마구잡이로 나오게 되었다. 그 이후엔 동구권이 몰락하면서 큰 어려움을 겪었다. 하지만 최근 들어 동유럽의 내추럴 와인은 빠르게 황금기를 맞으며 부활하고 있다. 전통적인 방식으로 오랜 암포라 숙성을 거친 진하고 무거운 오렌지 와인과 레드 와인들도, 서유럽의 와인 양조법을 전통 기법에 접목시켜 만들어내는 세련된 와인들도 모두 훌륭하다.

체코의 밀란 네스타레츠Milan Nestarec는 가장 힙하고 가장 현대적인 내추럴 와인으로 전 세계 사람들의 혼을 쏙 빼놓는다. 전 세계에 게부르츠트라미너 품종 오렌지 와인을 유행시킨 전설적인 와인, 러브 미 헤이트 미, 칵테일 한 잔을 더운 여름에 들이켜는 것 같은 오렌지 와인인 진토닉을 비롯한 모든 와인이 다 사랑받고 있다.

슬로베니아의 초타Cotar는 오렌지 와인의 왕 라디콘의 와인메이커 사샤 라디콘이 '라디콘이 없을 때 최고의 선택'이라 극찬하는 곳이다. 레드 와인과 오렌지 와인을 모두 세계적인 퀄리티로 생산한다. 믈레츠닉Mlecnik은 초장기 숙성을 통해 바로 마셔도 시음 적기인 잘 익은 와인으로 사랑받는다.

조지아는 지금 내추럴 와인의 대부흥이 일어나는 곳이다. 인류 문화유산이기도 한 오래된 큐베브리 토기에 발효와 숙성을 거친 조지아 와인들의 매력은 전 세계 내추럴 와인 애호가들을 유혹하고 있다. 지금도 유명 와이너리가 많이 있지만, 매년 새로운 명가들이 떠오르고 있다. 미국의 화가였던 존이 조지아에 정착하여 아름다운 동네 아가씨와 결혼하고 그 아내의 노래와 춤에 반해 조지아 전통 춤과 노래를 미국에 소개하며 만드는 조지아 와인 페전트 티어즈Peasant's Tears처럼 조지아 스타일이면서도 누구나 부담 없이 마실 수 있는 타입의 훌륭한 와인이 많다. 바이아스 와인Baia's Wine, 도레미Do Re Mi, 고고 와인GoGo Wine, 파파리 밸리Papari Valley, 이아고Iago, 니콜라드제Nikoladze 등등 유럽의 최신 양조법과 전통 양조법을 모두 배운 젊은 생산자들의 조지아 와인들은 정말 훌륭하다. 특히 탄닌이 엄청나게 강한 진하고 묵직한 오렌지 와인과 사페라비 품종으로 대표되는 '오크 뉘앙스 없이 묵직한' 레드 와인은 전 세계적으로 굉장히 팬이 많다.

위: 믈레츠닉 레뷸라Mlecnik Rebula

아래: 밀란 네스타레츠 데인저 380 볼츠Milan Nestarec Danger 380 Volts

밀란 네스타레츠Milan Nestarec 시리즈

Natural
BOY

Natural
BOY
GLUGLU

호주, 뉴질랜드, 미국 그리고…

호주와 뉴질랜드는 '쿰쿰함' 없이 주시하고 화려한 내추럴 와인으로 사랑을 받는다. 특히 호주 최고의 내추럴 와이너리 루시 마고Lucy Margaux는 와인 메이커 안톤 자체도 레전드이지만 그가 키워낸 수많은 제자들이 호주와 뉴질랜드 최고의 내추럴 와인 메이커가 되며 세계 내추럴 와인 신에 큰 족적을 남겼다.

루시 마고와 비견할 만한 와인 메이커는 모멘토 모리Momento Mori의 존 데인을 꼽을 수 있을 것이다. 뉴질랜드 출신의 존 데인은 내추럴 와인을 공부하기 위해 프랑스 쥐라로 건너가 피에르 오베르누아와 갸느바에서 수련했다. 덕분에 정말 정통파적인 오렌지 와인과 화이트 와인 그리고 잘 익고 나면 그야말로 '하늘하늘'해지는 레드 와인을 만든다. 루시 마고의 옆집이며 존 데인의 영향을 가장 크게 받은 커뮨 오브 버튼즈Commune of Buttons도 루시 마고와 비슷한 스타일로 인기가 많다.

뉴질랜드의 킨델리Kindeli, 호주의 주시함을 제대로 보여주는 쇼브룩Shobbrook, 호주 최초의 부티크 와이너리였던 펜폴즈의 최고위 와인 그랜지의 포도밭을 관리했던 조쉬 그리고 투핸즈와 헨쉬케의 수석 와인 메이커였던 샘 형제가 만드는 휘슬러Whistler, 펑키함의 끝판왕 아리스 와인Ari's Wine 등 호주와 뉴질랜드의 내추럴 와인 세계도 매우 깊고 넓다. 아리스 와인은 그리스계 호주인 2세대로, 그리스풍의 내추럴 와인 품종, 양조법과 호주 내추럴 와인 전통이 결합한 유니크한 타입이다.

미국 내추럴 와인의 대표 주자는 3곳의 와이너리이다. 바로 크루즈 와인즈Cruz Wines와 코투리Coturri 와이너리, 노엘 디아즈의 퓨리티 와인Purity Wine이다. 크루즈는 캘리포니아의 명가로 소량 생산 부티크 와이너리이다. 크루즈는 포도 재배와 와인 양조를 완벽하게 내추럴 방식으로 진행하지만 자신의 와인을 내추럴 와인 카테고리에 가두는 것은 싫어한다. 그는 자신을 미국의 컬트 와인, 자연적인 와인을 만드는 사람이라 생각한다. 하지만 그럼에도 불구하고 그는 미국 내추럴 와인 시장에 큰 영향을 끼쳤으며, 미국에 펫낫을 널리 알린 공적과, 그의 많은 제자들이 내추럴 와인을 만들게 한 영향력이 있다. 그래서 전 세계 내추럴 와인 쇼과 바는 그의 와인을 내추럴 와인으로서 다룬다.

코투리는 아주 엄격한 내추럴 와인 운동에 앞장선다. 브루탈 운동에도 유럽 지역이 아닌 와이너리로는 처음 참가했을 정도이다. 소노마 카운티에서 1964년부터 내추럴 와인을 생산해 온 1세대 내추럴 와인 메이커이기도 하다. 펑키하고 주시하면서도 미국적인 맛과 향을 잃지 않는 멋진 와이너리이다.

퓨리티 와인의 노엘 디아즈는 또 다른 미국 내추럴 와인의 영웅이다. 베테랑 소믈리에였던 그는 코트 오브 마스터 소믈리에 시험에 합격한, 마스터 소믈리에이기도 했다. 20년간 레스토랑에서 일하며 와인에 대한 사랑을 키워갔고 결국 자신의 와이너리를 만들게 된다. 특히 완벽한 내추럴 와인을 만드는 데 헌신하며 많은 제자들을 키우고 있다. 순수한 와인이라는 이름처럼 퓨리티 와인은 순수한 과즙미와 맛있는 볼라틸, 생기 있는 펑키·주시함을 추구한다.

한국은 2020년 정도만 해도 레 돔 와이너리가 유일한 내추럴 와인 메이커였다. 하지만 점점 기존 한국 와이너리에서도 토착 머루나 다양한 포도 품종으로 국산 내추럴 와인에 도전하고 있다. 내추럴 와인에 대한 이해가 부족한 지역 생산자들이 자연 효모를 쓰지 않거나, 설탕으로 가당하여 알코올 도수를 높이고도 이산화황을 추가로 쓰지 않았으니 내추럴 와인이라고 하는 경우도 종종 있기 때문에 주의가 필요하다. 2022년 들어 '머곰' 시리즈가 극소량 발매되는 등 이제 한국에서도 한국 포도로 생산한 내추럴 와인의 시대가 슬슬 시작되고 있다.

일본은 이미 내추럴 와인 메이커들이 많지만 가격도 품질도 아직은 유럽에 미치진 못한다는 평이 많았다. 그러나 내추럴 와인 시장이 성숙한 지 30년 이상 되어 유럽의 톱급 와인 메이커로 활동하던 일본인이 귀국하거나, 현지에서 수련한 사람들이 진지한 내추럴 와인 와이너리를 만들면서 품질과 인기가 급격하게 높아지고 있다. 일본의 내추럴 와인은 생산비가 높고 한국과 농업 관련 FTA가 체결되어 있지 않아 한국에서의 가격이 꽤 높은 편이다. 하지만 플로럴한 캐릭터로 팬들이 꽤 많다.

남아프리카공화국은 아프리카 지역에서 유일한 내추럴 와인의 성지와도 같다. 남아공 내추럴 와인의 선구자 셰인Sijnn은 일부러 사막에 가까운 환경의 테루아에서 아주 진하고 농염하며 클래식한 내추럴 와인을 만든다. 그의 와인은 와인 스펙테이터나 마스터 오브 와인 팀 앳킨의 극찬을 받고 있다. 인텔레고Intellego는 떠오르는 젊은 스타이다. 〈디캔터〉지가 선정한 세계 최고 내추럴 화이트 와인 중 하나인 스토리 오브 해리, 와인 스펙테이터에서 90점 이상을 주며 극찬한 클래식한 화이트인 인텔레고 슈냉 블랑, 〈디캔터〉 선정 세계 최고 30대 오렌지 와인에 꼽힌 슬리핑 코 파일럿 등 다양한 와인이 모두 뛰어나다.

그리스에서는 도멘 리가스가 수준 높은 내추럴 와인들을 생산하고 있다. 도멘 리가스는 사모스 섬의 100년 이상 된 올드 바인으로 뛰어난 와인을 생산하는 동시에 놀라운 센스로 전 세계의 내추럴 와인 명가들과 수많은 한정판 컬래버레이션 와인들을 선보이고 있다.

인텔레고 케둔구Intellego Kedungu

— 이 책을 쓰면서 제가 가장 사랑하는 와이너리 중 하나인 사부아Savoie의 도멘 벨뤼아흐Domaine Belluard의 와인 메이커이자 오너 도미니크 벨뤼아흐Dominique Belluard가 우리 곁을 떠났습니다. 2021년 전 유럽을 강타한 코로나19 바이러스에 감염된 후 완치되었으나 후유증으로 후각과 미각을 모두 상실해 너무나 큰 절망과 상실감에 고통스러워했었죠. 2019년 '살롱 오' 때 가족 모두 방한해서 많은 이야기를 나눴던 것이 지금도 생각납니다. 그가 평안히 쉬었으면 좋겠습니다.

— 이 책을 쓰는 동안 이탈리아 피에몬테 내추럴 와인을 이끈 선구자 로렌조 코리노 할아버지도 우리 곁을 떠났습니다. 오랫동안 함께 포도를 가꾸고 와인을 만들어온 아들 귀도 코리노가 비록 흔들림 없이 와인을 생산하겠지만, 한국에 꼭 방문하겠다고 말씀하셨던 그가 코로나19 사태로 한국에 방문해 보지 못하고 돌아가신 것이 너무나 안타깝습니다. 그의 네비올로와 바르베라, 돌체토 품종들의 피에몬테 내추럴 와인 운동은 피에몬테 지역에 너무나 큰 영향을 끼쳤습니다. 덕분에 지금은 완벽한 내추럴 와인이 아니더라도 피에몬테 대부분의 톱 클래스 와인들은 거의 내추럴 와인에 가까운 포도 재배와 와인 양조 기법을 쓰게 되었죠.

이 책을 위해 많은 분들이 도움을 주셨습니다. 가장 먼저 내추럴보이 와인 숍의 수많은 와인 그림을 담당하며 이 책에도 그림을 쓰게 해주신 안수연 작가님, 수많은 내추럴 와인 수입사와 그 대표님들, 뱅베의 김은성 대표님, 비노쿠스의 최신덕 대표님, 안단테 데어리의 김소영 선생님, SJ와인의 하석환 대표님과 박우리나라 소믈리에, 아부아의 클레멍 대표, 와인엔의 신우식 이사님, 그 외에도 노랑방, 카보드, 투플러스와인, 윈비노, 셀러와이, 씨알트레이딩, 크리스탈, 비티스, 마이와인즈, 코스모엘앤비, 부포와인, 포도당, 크로스비, 네이쳐와인, 모멘텀와인컴퍼니, 부떼이, 비티알커머스, 올드앤레어와인, 이티시와인, 하이소스코리아, 배리와인, 골드브릿지와인, 카나와인, 금양, 비노비노, 루

뱅쿱, 케이에스와인, 머천트, 어벤져서, 하이파이브, CSR과 메종 콩티, 쥬시프루트, 안시와인, 바겐와인, 와인투유, 비노스와인 OAY, 이스티 와인즈, 조지아와인, 빈티지코리아, 코리안와인즈 등 수많은 내추럴 와인 수입사의 도움이 있었습니다.

또한 대한민국 최대 내추럴 와인 행사인 '살롱 오'를 대표하며 한국 내추럴 와인의 역사를 이끈 최영선 대표님과 그의 책들이 없었더라면 제 책도, 저의 내추럴 와인에 대한 사랑도 크게 줄어들었을 것입니다.

또한 수많은 내추럴 와인 애호가분들이 없었더라면 제가 꾸준히 내추럴 와인에 대한 애정을 함께 키워나가기는 너무나 어려웠을 것입니다.

무엇보다 육아하느라 힘든데도 제가 책을 쓸 수 있게 시간을 마련해 준 아내 이현주와 저의 딸 소린이에게 가장 감사합니다.

참고 문헌 및 사이트

내추럴 와인 메이커즈(2020), 최영선

내추럴 와인(2018), 이자벨 르쥬롱

Jancis Robinson(2008), "The Oxford Companion to Wine" - Brettanomyces, Mause

Fugelsang, K. C. Wine Microbiology. (1997)

The Australian Wine Resarch Institute 'Brettanomyces' 2017

https://www. awri. com. au/. . . /frequently. . . /brettanomyces-faq/

Bird, David Understanding Wine Technology. 3rd Edition, Wine Appreciation

Guild. San Francisco. 2010

Waterhouse, A. Sacks, G. & Jeffery, D. Understanding Wine Chemistry. John Wiley

& Sons. Chichester. 2016

Heresztyn, T(1986). "Formation of substituted tetrahydropyridines by species of Brettanomyces and Lactobacillus isolated from mousey wines". American Journal of Enology and Viticulture. 37

Asimov, Eric: Brews as Complex as Wine in The New York Times(11. 24. 2011)

Curtin, C. Varela, C. Borneman, A. Harnessing improved understanding of Brettanomyces bruxellensis biology to mitigate the risk of wine spoilage Australian Journal of Grape and Wine Research 21(S1) : 680-692; 2015.

Krieger-Weber, S. Deleris-Bou, M. Dumont, A. Wine bacteria to control volatile phenols and Brettanomyces. Australian & New Zealand Grapegrower

& Winemaker(612) : 63-69; 2015.

Cowey, G. Ask the AWRI. What's that smell - is that Brett? Part 2. Australian & New Zealand Grapegrower & Winemaker(591) : 64-65; 2013.

Cowey, G. Ask the AWRI. What's that smell - is that Brett? Part 1. Australian & New Zealand Grapegrower & Winemaker(588) : 53-54; 2012.

Curtin, C. , Borneman, A. , Zeppel, R. , Cordente, T. , Kievit, R. , Chambers, P. , Herderich, M. , Johnson, D. Staying a step ahead of 'Brett'. Wine and Viticulture Journal 29(5) : 34-34;2014.

Albertin, W. , Panfili, A. , Miot-Sertier, C. , Goulielmakis, A. , Delcamp, A. , Salin, F. , Lonvaud-Funel, A. , Curtin, C. , Masneuf-Pomarede, I. Development of microsatellite markers for the rapid and reliable genotyping of Brettanomyces bruxellensis at strain level. Food Microbiology(42) : 188-195; 2014.

Curtin, C. D., Borneman, A. R. , Henschke, P. A. , Godden, P. W. , Chambers, P. J. , Pretorius, I. S. Advancing the frontline against Brett: AWRI breakthrough offers potential to transform the battle against Brett. Practical Winery & Vineyard. 33(2) : 47-54; 2012.

Coulter, A. Post-bottling spoilage - who invited Brett? Australian & New Zealand Grapegrower & Winemaker. (559) : 78-86; 2010.

Curtin, C. , Bramley, B. , Cowey, G,. Holdstock, M. , Kennedy, E. , Lattey, K. , Coulter, A. , Henschke, P. , Francis, L. , Godden, P. Sensory perceptions of 'Brett' and relationship to consumer preference. Blair, R. J. (eds). Proceedings of the thirteenth Australian wine industry technical conference, 29 July-2 August 2007, Adelaide, SA. Australian Wine Industry Technical Conference Inc. : Adelaide, SA. : 207-211 ; 2008.

Bramley, B. , Curtin, C. , Cowey, G. , Holdstock, M. , Coulter, A. , Kennedy, E. , Travis, B. , Mueller, S. , Lockshin, L. , Godden, P. , Francis, L. Wine style alters the sensory impact of 'Brett' flavour compounds in red wines. In: Blair, R. J. ; Williams, P. J. ; Pretorius, I. S. (eds) Proceedings of the

13th Australian wine industry technical conference: 28 July – 2 August 2007; Adelaide, South Australia: Australian Wine Industry Technical Conference Inc. ; Adelaide, SA : 73-80; 2007.

Curtin, C. D. , Bellon, J. R. , Coulter, A. D. , Cowey, G. D. , Robinson, E. M. C. , Barros-Lopes, M. A. de, Godden, P. W. , Henschke, P. A. , Pretorius, I. S. The six tribes of 'Brett' in Australia - distribution of genetically divergent Dekkera bruxellensis strains across Australian winemaking regions. Australian & New Zealand Wine Industry Journal 20(6) : 28-36 ; 2005.

Coulter, A. D. , Robinson, E,. Cowey, G. , Francis, I. L. , Lattey, K. , Capone, D. , Gishen, M. , Godden, P. Dekkera/Brettanomyces yeast — An overview of recent AWRI investigations and some recommendations for its control. Bell, S. M. ; de Garis, K. A. ; Dundon, C. G. ; Hamilton, R. P. ; Partridge, S. J. ; Wall, G. S. eds. Proceedings of a seminar organised by the Australian Society of Viticulture and Oenology, held 10–11 July 2003, Tanunda, SA: Australian Society of Viticulture and Oenology : 41–50; 2003.

Chatonnet, P. , Dubourdieu, D. , Boidron, J. N. , Pons, M. The origin of ethylphenols in wines. Journal of the Science of Food and Agriculture 60 : 165–178; 1992.

Winespectator. com/glossary - Reductive

https://www. wsj. com/. . . /an-insiders-guide-to-weird-wine. . .

https://www. awri. com. au/. . . /sensory. . . /diagnostic_test/

Clark Smith의 Postmodernwinemaking: What is Reduction(07. 21. 2008)

Clark Smith의 Postmodernwinemaking: The Good Side of Stinky(11.09.2006)

Jancis Robinson의 Article 'Screwcap and Reduction'(14. 12. 2004)

Jancis Robinson의 The Oxford Companion to Wine

Alistair Maling의 인터뷰: 빌라 마리아의 와인 메이커이자 MW인 알리스테어 말링Alistair Maling의 실험에 의하면, 1차적으로 와인 양조 도중 발효 온도가 너무 높거나 낮아 효모가 스트레스를 받으면서 효모가 질소를 이용한 대사를 잘 하지 못하게 되면 정상적으로는 극소량의 이산화황(SO_2)을 생산하는 대신 황화수소(Hydrogen sulfide = 메르캅탄)를 생성할 수 있습니다. 컨벤셔널 와인에서는 발효조에 냉각수·온열수를 돌리는 방식으로 발효 온도를 조절하며, 포도즙에 DAP(Diamonium phosphate)라고 하는 질소 화합물을 넣어 메르캅탄의 생성을 막습니다. 이 메르캅탄은 나중에 산소와의 접촉 등에 의한 산화를 거쳐 물과 이산화황으로 분해됩니다.

Jancis Robinson의 Article 'Screwcap and Reduction'(14. 12. 2004)에서 캘리포니아 Paso Robles의 Ebverle Winery의 와인 교육 담당 Gaston Leyack은 산소 투과형 마개를 통해 리덕션을 경감시킬 수 있음을 언급하였습니다.

Bird, David Understanding Wine Technology. 3rd Edition, Wine Appreciation Guild. San Francisco. 2010 - SO_2, 리덕션, H2S 관련

Waterhouse, A. Sacks, G. & Jeffery, D. Understanding Wine Chemistry. John Wiley & Sons. Chichester. 2016 - SO_2, H2S 관련

"Acid-Base Physiology". Retrieved 2007-05-30.

Walter F. , PhD. Boron. Medical Physiology: A Cellular And Molecular Approaoch. Elsevier/Saunders. ISBN 1-4160-2328-3. Page 846

Duerr, P. Wine quality evaluation. Proceedings of the international symposium on cool climate viticulture and enology. 25-28 June, 1985, Eugene, OR & Corvallis, OR: Oregon State University; 1985: 257266.

Amerine, M. A. ; Ough, C. S. (1980) Methods for analysis of musts and wines. New York Wiley-Interscience.

Buick, D. ; Holdstock, M. (2003) The relationship between acetic acid and volatile acidity. Tech. Rev. (143) 39-43. The Australian Wine Research Institute, Adelaide, SA.

Iland, P. ; Ewart, A. ; Sitters, J. ; Markides, A. ; Bruer, N. (2000) Techniques for chemical analysis and quality monitoring during winemaking. Campbelltown, SA Patrick Iland Wine Promotions.

Rankine, B. C. (1998) Making good wine: a manual of winemaking practice for Australia and New Zealand. South Melbourne, Sun Books(Macmillan Australia).

Zoecklein, B. W. ; Fugelsang, K. C. ; Gump, B. H. ; Nury, F. S. (1995) Wine analysis and production. New York Chapman & Hall.

Jancis Robinson(2008), "The Oxford Companion to Wine"

Fugelsang, K. C. Wine Microbiology. (1997)

마우스 테이스트를 낼 수 있는 다른 효모균들: Lactobacillus hilgardii, Lactobacillus plantarum, Lactobacillus brevis, and Oenococcus oeni(Cosello et al 2001)

The Australia and New Zealand Food Standards Code [http://www. foodstandards. gov. au/the. . . /foodstandardscode. cfm].

Chatonnet, P. Dubourdieu, D. Boidron, J. N. Lavigne, V. Synthesis of volatile phenols by Saccharomyces cerevisiae in wines. J. Sci. Food Agric. 62: 191-202; 1993.

Costello, P. J. ; Lee, T. H. ; Henschke, P. A. Ability of lactic acid bacteria to produce N heterocycles causing mousy off-flavour in wine. Aust. J. Grape Wine Res. 7(3): 160-167; 2001.

Curtin, C. , Bramley, B. , Cowey, G. , Holdstock, M. , Kennedy, E. , Lattey, K. , Coulter, A. , Henschke, P. , Francis, L. , Godden, P. Sensory perceptions of 'Brett' and relationship to consumer preference. Blair, R. J. ; Williams, P. J. ; Pretorius, I. S. (eds) Proceedings of the thirteenth Australian wine industry technical conference, 29 July2 August 2007, Adelaide, SA: Australian Wine Industry Technical Conference Inc. , Adelaide, SA. , 207211; 2008.

Duerr, P. Wine quality evaluation. Proceedings of the international symposium on cool climate viticulture and enology. 25-28 June, 1985, Eugene, OR & Corvallis, OR: Oregon State University; 1985: 257266.

Farina, L. , Boido, E. , Carrau, F. ; Dellacassa, E. Terpene compounds as possible precursors of 1,8-cineole in red grapes and wines. J. Agric. Food Chem. 53; 1633-1636; 2005.

Godden, P. W. Update on the AWRI trial of the technical performance of various types of wine bottle closure. Tech. Rev. 139: 610; 2002.

Grbin, P. R. ; Costello, P. J. ; Herderich, M. ; Markides, A. J. ; Henschke, P. A. ; Lee, T. H. Developments in the sensory, chemical and microbiological basis of mousy taint in wine. Stockley, C. S. ; Sas, A. N. ; Johnstone, R. S. ; Lee, T. H. eds. Maintaining the competitive edge: proceedings of the ninth Australian wine industry technical conference; 1619 July 1995; Adelaide, SA. Australian Wine Industry Technical Conference Inc. , Adelaide, SA: 1996: 57-61.

Griffiths, N. M. ; Land, D. G. 6 chloro o cresol taint in biscuits. Chem. Ind. 904; 1973.

Hakola, H. ; Laurila, T. ; Rinne, J. ; Puhto, K. (2000). The ambient concentrations of biogenic hydrocarbons at a northern European, Boreal site. Atmosph. Environ. 34; 4971-4982.

Herve, E. ; Price, S. ; Burns, G. (2003). Eucalyptol in wines showing a Eucalyptus" aroma. Poster Paper. Actualities Oenologiques 2003 VIIme Symposium International d'Oenologie, 19-21 June 2003; Bordeaux, France.

Malleret, L. ; Bruchet, A. Application of large volume injection GC/MS to the picogram analysis of chlorinated and brominated anisoles in earthy-musty off-flavor water samples. Water Science 1: 1-8, 2001.

Mottram, D. S. ; Patterson, R. L. S. ; Warrilow, E. 2,6-Dimethyl-3-methoxypyrazine: a microbiologically-produced compound with an obnoxious musty odour. Chem. Ind. 448-449; 1984.

Patterson, R. L. S. Disinfectant taint in poultry. Chem. Ind. 609610; 1972.

Prescott, J. ; Norris, L. ; Kunst, M. ; Kim, S. Estimating a 'consumer rejection threshold' for cork taint in white wine. Food Quality and Preference 16 4 : 345-349; 2005.

Saxby, M. J. ; Reid, M. J; Wragg, G. S. Index of Chemical Taints. Leatherhead Food RA: Leatherhead U. K. , 1992.

Simpson, R. F. Cork taint in wine:a review of the causes. Aust. N. Z. Wine Ind. J. 5(4): 286287, 289, 291, 293296; 1990.

Simos, C. The Implications of smoke taint and management practices. Aust. Vitic. Jan/Feb : 7780; 2008.

Sneyd, T. N. ; Leske, P. A. ; Dunsford, P. A. How much sulfur? Stockley, C. S. ; Johnstone, R. S. ; Leske, P. A. ; Lee, T. H. eds. Proceedings of the eight Australian Wine Industry Technical Conference; 2529 October 1992; Melbourne, Victoria. Australian Wine Industry Technical Conference Inc. , Adelaide, SA, 1993: 161166.

Whitfield, F. B. ; Hill, J. L. ; Shaw, K. J. 2,4,6-tribromoanisole: a potential cause of mustiness in packaged food. J. Agric. Food Chem. 45: 889-893; 1997.

Young, W. F. ; Horth, H. ; Crane, R. ; Ogden, T. ; Arnott, M. Taste and odour threshold concentrations of potential potable water contaminants. Wat. Res. Vol. 30(2):331340, 1996.

Zoecklein, B. W. ; Fugelsang, K. C. ; Gump, B. H. ; Nury, F. S. Wine analysis and production. New York: Chapman and Hall; 1995.

북펀드에 참여해주신 독자 여러분께 감사드립니다

간도현
강건희
강서윤
강윤관
강은혜
강혜원
개성찬방
거따덩
검은빛
고경덕
고맹
고혜영
공학도 Lee
구정회
권영식
권용석
권지헌
김강민
김경아
김규현
김나영
김남균
김다와
김도희(WWE'VE)
김동근
김두철
김라윤
김명인
김무엽
김미연
김민선
김민형
김병철
김보경
김삐
김살구
김상균
김서진
김선미
김선함&정혜림
김성현
김소윤
김송현
김수연
김수진
김슬기
김승우
김아연
김연
김연진
김영규
김영민
김영우
김용자
김윤석
김은별
김재용
김재원
김정원
김정환
김종우
김준식
김준용
김진영
김진우
김철진
김현우
김현정
김현진
김형욱
김혜경
김혜원/김혜원(2)
김호정
김홍석
김희연
김희진
꿈꾸는하니
나상아
나성현
나재석
남놈
노광철
노이즈
대감
대호
동네줌인 곽복임
두잔
디아비노
럭키한 김은영
레나 이동은
레이지보틀클럽
려블리
류상길
류영재
르탐
리보니아빠
리스완
리틀베러 전성현
림보책방
마실마실
문지영
문지원
민성우
민완기
바텐더 김지현
바틀샵목월
박관호
박광흠
박대인
박도저
박동녘
박병철
박상민
박상아
박상은
박선우
박세진
박소해
박시현
박여진
박영효
박온유
박원주
박정욱
박정재
박준성
박준형
박지형
박진경
박쭈연
박푸름
박한슬

박현숙
박호준
박희나
발탄강쥐
배관우
배리와인 이상황
배은하
백인하
백현오
베제카
보틀그레이
봄비와 밤비
비노디채이
비와이오비
蕒
서세은
서예린
석지수
선웅아영
성인영
세종사는류다현
소지원
소희
손명성
송인재
송지은
송창민
송해슬
수디닝
수지큐
슈릴리
스루기
슬로스레코드바

신경식
신승룡
신예지
신우철
신재영
심수
심야식당 권주성
십사점삼도
쏘니김
아우름
안신희
양승우
양아름
양윤철
양지선
어몽보틀샵
에노떼까구스토
연지종명
예둥시
예원
오맑음
오스테리아라구
오스테리아피어86
오연우
오지은
오키드김희정
와인루트 주식회사
와인캔두잇
용빠
우대희
우리집셰프공희
원소율
웬디스보틀

위미태이블
유다현
유민
유민지
유세영
유익수
유정훈
유희연
윤금엽
윤성욱
윤앨리스
윤지원/윤지원(2)
윤혜민
윤호성
은세창
을지로 떼오
이가빈
이강준
이경
이경민
이광숙
이국빈
이규열
이기한
이기흔
이다준
이다해
이대휘
이민경
이민규
이민재
이민호
이석준

이설아
이승우
이승진
이승한
이승호
이애리
이언경
이원석
이원준
이원형
이윤주
이은주
이은진
이정옥
이정현/이정현(2)
이정훈
이주연
이주영
이주용
이주한
이준석
이준호
이지은/이지은(2)
이지웅
이진주
이춘도
이한빈
이현아
이혜연
이혜진
이호상
이호진
이홍주

이희영
임규형
임대경
임설희
임소정
임승은
임윤아
잎풀
장성훈
장순주
장우현
장유경
장이슬
장진선
장쿠키
재민&쁨
전미자
전소연
전자명
전진용
전진현
전혜란
전호진
정다정
정부진
정선경
정소린
정승재
정승화
정연재
정용수
정운석
정원용
정유리
정유진
정윤욱
정윤진
정은혜
정인현
정주원
제주나봉순
조길종
조남식
조남제
조명국
조성진
조용재
조우선
조윤설
조하린
조현성
주현수
진용하
찡쫑
차주원
차현주
찬송 비노
채린
채해성
책살땐당신의책갈피
최규빈 최해인
최동우
최민기
최선희
최소연
최수인
최윤희
최재인
최정우
최정홍
최철홍
최혜선
최혜진
카리테스
크리스티나
포더로컬 배성현
피어하우스
피윮공작소
피크닉팝
핏제리아칸니끄
하승우
하승정
하이파이브 엘앤비
한나
한승연
한용욱
한은영
한정호
한주희
함수연
핫찌
허애지
허우경
허정안
허창재
헤라송
현선철
현저니
홍기명
홍종찬
황미희
황은지
황지환
히든셀라
98simson
Atlas
ChristineN
ck.sally
CREAM_of_X
dopanda
Duggyduk
Haid Kim
hawaiikona
HEAM
idKris
jjong
jsy_
JudyTak
Juel
Leo Ra
LURE AT
mindnscent
MOP
N.KIM
Nahema AS
oaywine
OTTO
Rani
SIMBAGO
SUXRO
Yulie
zihya
Zoo_Oh

내추럴 와인; 취향의 발견

초판 1쇄 발행 2022년 9월 28일
초판 2쇄 발행 2022년 12월 1일

지은이 정구현
펴낸이 안지선

기획 윤혜자
디자인 석윤이
그림 안수연
교정 신정진
마케팅 최지연 이유리 김현지 안이슬
제작 투자 타인의취향
제작처 상식문화

펴낸곳 (주)몽스북
출판등록 2018년 10월 22일 제2018-000212호
주소 서울시 강남구 학동로4길15 724
이메일 monsbook33@gmail.com

ISBN 979-11-91401-58-5 (03590)

mons (주)몽스북은 생활 철학, 미식, 환경,
디자인, 리빙 등 일상의 의미와 라이프스타일의
가치를 담은 창작물을 소개합니다.